盐湖卤水
分离富集硼离子
交换法工艺

YANHU LUSHUI FENLI FUJI PENGLIZI
JIAOHUANFA GONGYI

肖湘 著

化学工业出版社

·北京·

内 容 简 介

本书围绕卤水综合开发利用工艺流程特点，采用环境友好的离子交换法分离、富集罗布泊老卤卤水中的硼，开展系列研究：首先，以吸附量、选择性等为标准，从备选树脂中筛选出适用于盐湖卤水高镁低硼弱酸性体系的最佳树脂，明确静态吸附影响因素；其次，通过静态吸附实验验证该树脂处理实际卤水的可行性，确定最佳工艺条件，同时优化解吸液选择与解吸条件；然后，从热力学、动力学角度研究树脂吸附行为，建立动力学模型、推测机理并计算相关参数；接着，通过动态吸附法优化工艺条件，开展实验室扩大实验验证可行性并考察树脂重复利用性能；最后，以实验室数据为基础建立中试实验厂，进一步优化流程参数、获取工程数据，计算成本，为离子交换法卤水提硼产业化提供技术与参数支撑。

本书可供从事盐湖资源开发与生产、化学工程与工艺（盐化工方向）及其相关行业工程技术人员阅读参考。

图书在版编目（CIP）数据

盐湖卤水分离富集硼离子交换法工艺／肖湘著.
北京：化学工业出版社，2025. 8. -- ISBN 978-7-122
-48593-9

Ⅰ. TS392

中国国家版本馆 CIP 数据核字第 2025ZL9757 号

责任编辑：冯国庆　吕梦瑶　　　　　装帧设计：韩　飞
责任校对：李雨晴

出版发行：化学工业出版社
　　　　　（北京市东城区青年湖南街 13 号　邮政编码 100011）
印　　装：北京科印技术咨询服务有限公司数码印刷分部
710mm×1000mm　1/16　印张 9¼　字数 138 千字
2025 年 9 月北京第 1 版第 1 次印刷

购书咨询：010-64518888　　　售后服务：010-64518899
网　　址：http://www.cip.com.cn
凡购买本书，如有缺损质量问题，本社销售中心负责调换。

定　　价：98.00 元　　　　版权所有　违者必究

硼及其化合物在众多领域都有着不可或缺的重要应用,从高端材料制造到化工生产,从电子工业到医药领域,硼的身影无处不在。然而,随着我国硼镁石资源的逐渐枯竭,寻找新的硼资源以满足日益增长的市场需求,已成为当务之急。我国丰富的盐湖卤水硼资源,宛如一座尚未充分开发的宝藏,不仅具有巨大的经济价值,而且在卤水中回收镁制备高品质镁质化工产品时,硼的存在被视为有害杂质,需要被分离出去。倘若能在分离过程中实现硼的富集,那将是一举多得,既能解决硼资源短缺问题,又能提高卤水资源的综合利用效率,实现经济与环境效益的双赢。

本书聚焦于离子交换法从盐湖卤水中分离富集硼这个课题,旨在深入探索并系统总结相关技术与研究成果,为硼资源的高效开发提供科学依据和技术支撑。

在研究过程中,首先对多种树脂如 D403、D564、XSC-700 等,在模拟卤水溶液中对硼的吸附性、解吸性、选择性以及稳定性等关键性能进行了细致入微的研究。研究结果令人振奋,XSC-700 树脂脱颖而出,展现出卓越的吸附能力、选择性以及良好的机械、化学、热稳定性,在适宜条件下对硼的最大吸附量可达 6.16mg/mL,且吸附后的水洗过程能有效分离硼与其他离子,为后续硼酸的制备奠定了坚实基础。

进一步地,采用静态吸附法,将 XSC-700 树脂应用于罗布泊盐湖卤水,深入考察其对硼离子的吸附、解吸、转型等性能。结果表明,XSC-700 树脂能够完美适应原料卤水的性质,以简洁高效的工艺流程,实现硼的高效提取,且不带入二次污染,充分体现了其在实际应用中的巨大潜力。

动态吸附法的研究更是将 XSC-700 树脂的应用推向了实际生产的前沿。笔者详细考察了溶液中硼离子浓度、流速、树脂体积等因素对穿透曲线的影响，确定了树脂动态吸附硼的适宜条件，以及与之匹配的动态解吸和转型条件。实验室扩大循环实验结果充分证明了 XSC-700 树脂在扩大生产中具有出色的循环工作性能，无论是吸附率还是解吸率都能保持在较高水平，且转型处理对树脂性能的提升效果显著，为后续的中试乃至工业化生产积累了宝贵经验。

最终，根据实验室扩大实验的结果，确定了中试的工艺参数，并开展了中试实验循环实验。实验结果再次印证了树脂的稳定性和循环性能，无论是未转型还是转型后的树脂，其吸附率和解吸率均能保持稳定，且转型后的树脂在水洗过程中硼的水洗率更低，与实验室扩大实验结果高度一致。解吸液经过蒸发浓缩得到的硼酸，经 XRD 图谱和 ICP 测试确认，产品结晶度好、纯度高，而新旧树脂的 IR 图对比显示，树脂官能团结构稳定，吸附量和含水量变化不大，表明树脂可循环多次使用，这无疑为硼资源的可持续开发带来了曙光。

本书的撰写凝聚了众多科研人员的心血与智慧，在研究过程中克服了重重困难，不断探索创新，力求为硼资源的开发提供一套完整、高效、可行的技术方案。期望通过本书的出版，能够吸引更多的科研力量和产业界关注盐湖卤水硼资源的开发，共同推动硼产业的可持续发展，为我国的资源战略安全和经济建设贡献一份力量。在未来的道路上，将继续致力于相关技术的优化与创新，不断探索硼资源开发的新途径和新方法，为实现硼资源的高效利用和综合利用目标不懈努力。

在本书的撰写过程中，中南大学的陈白珍教授、石西昌教授和陈亚副教授提出了很多宝贵的意见，谨致以诚挚的谢意。本书的出版得益于长沙师范学院提供的良好工作条件，以及湖南金凯循环科技股份有限公司的资助，在此一并表示衷心感谢。

限于作者的学识与能力，书中可能存在诸多不足，恳请各位专家和读者不吝批评指正。

著 者
2025 年 6 月

目录

硼及其化合物

1.1 硼及其化合物的性质和用途

1808 年，法国化学家泰纳尔和盖·吕萨克分别用金属钾还原硼酸从而制得单质硼[1]。单质硼有无定形、结晶形两种。无定形硼为呈棕黑色到黑色的粉末；结晶形硼呈乌黑色到银灰色，有金属光泽，硬度仅次于金刚石。硼的元素符号为 B，原子序数为 5，原子量为 10.811，为典型的无机非金属元素，在元素周期表中位于第二周期第三主族，原子构型为 $1s^2 2s^2 2p^1$。

硼在室温下比较稳定，即使在 HCl 或 HF 中长期煮沸也不反应；硼能和卤族元素直接化合，形成卤化硼；硼原子能通过 sp^2 或 sp^3 杂化轨道与氧、氟等原子形成平面三角形结构或四面体构型；高温下硼还与许多金属或金属氧化物反应，形成金属硼化物。硼常常以聚合硼氧配阴离子形式存在，与其中配位数为 3 和 4 的硼原子有所不同，这使得硼化合物种类繁多，结构也复杂多样，至今发现的硼矿物有 200 多种[2,3]。

由于硼的特殊配位性质，硼及其化合物具有质轻、高硬、高强、耐磨、耐热、阻燃及催化等一系列的物理化学性质而成为性能优越的特种材料，因此硼及其化合物有着广泛的用途，在生产和生活中不可或缺[4,5]。

硼及其化合物在冶金领域中，用作各种添加剂、助熔剂、防氧化剂。在烧结原料中加入硼，可改善烧结矿中的物质组成，增加烧结矿的强度；加入硼化钛、硼化镍可冶炼耐热的特种合金，可提高金属材料的强度、硬度、耐热性及耐磨性等；在机械领域中，用作硬质合金、宝石等硬质材料的磨削、研磨、钻孔及抛光等，钢材渗硼能提高表面硬度，氮化硼可做耐高温喷嘴，高温润滑和脱模剂；在玻璃和陶瓷工业中，用作陶瓷工业的催化剂、防腐剂，高温坩埚、耐热玻璃器皿和油漆的耐火添加剂；硼砂、硼酸、硼酸钙、磷酸硼等是搪瓷、陶瓷表面的釉料及颜料的重要组成成分，可增强搪瓷产品的耐热性、耐磨性及光洁度，缩短熔化时间，制造暖水瓶胆时加入少量硼砂，可避免炸裂；在纺织工业中，用作阻燃剂、织物施浆、漂白剂、洗涤剂等，过硼酸钠、偏硼酸钠等可提高织物的光泽度、洁白度等；在高新材料方面，用作超导材料、稀土硼化物、硼酸盐晶须复合材料、含硼推进剂、稀土硼化物等；在核工业中，用作原子反应堆中的控制棒，火箭燃料，火箭发动机的组成物及高温润滑剂，原子反应堆的结构材料等；在医药业中，用作催化剂、杀菌剂、消毒剂、脱臭剂等；在农业中，使用硼肥可提高农作物的产量，还可用作杀虫剂、防腐剂等。

此外，硼及其化合物在燃料制造、皮革工业、人造宝石、照相及化妆品制造等方面也均有应用，因此可以说，硼及其化合物已成为与人们生活息息相关的基础材料，硼的特殊性质将为人类造福[6]。

1.2 硼资源分布及其开发利用现状

1.2.1 硼资源的分布

硼是亲氧元素，在自然界中没有游离形态，主要以硼酸和硼酸盐形式存在，在硼酸盐晶体中，硼主要以聚合硼氧配阴离子的形式存在。硼以分散的状态分布于地球的岩石圈中，在岩石、石油、火山喷泉、盐湖、海水、泉水、水及动植物体中均含有硼。硼是地球地壳中最重要的元素之一，与锂和铍同属于稀有元素，其在地球地壳中元素的丰度排名中位于第 38 位。

生产硼酸的原料按形态可分为固态矿和液态矿。固态矿主要包括硅钙硼石、硼镁石、硬硼酸钙石、四水硼砂、粗硼砂和硼钠钙石等；液态矿则主要包括经过日晒浓缩后的高 B_2O_3 含量的盐湖卤水，这类液态硼矿原料中除含硼外，还含有钾、钠、镁、锂等多种资源，需要综合开发利用。

世界硼矿资源主要集中分布在土耳其、俄罗斯、美国、中国、智力、秘鲁等国家，几乎囊括世界的全部储量，如表 1-1 所示[7]。

表 1-1 世界硼矿储量和基础储量

国家	储量（B_2O_3）/万吨	基础储量（B_2O_3）/万吨
土耳其	6000	15000
俄罗斯	4000	10000
美国	4000	8000
中国	2500	4700
秘鲁	400	2200

续表

国家	储量（B_2O_3）/万吨	基础储量（B_2O_3）/万吨
阿根廷	200	900
前南斯拉夫	200	700
伊朗	100	100

由表 1-1 可以看出，硼产业集中在西欧、北美洲等地区。土耳其的硼矿资源储量居世界首位，主要集中分布在该国西北部的厄斯其色希尔省、屈塔希亚省、巴勒克希尔省和布尔萨省，著名的矿区有克尔卡（Kirka）、埃梅特（Emet）、比加迪克（Bigadic）和凯斯特里克（Kestelek）等。

美国的硼矿集中分布在加利福尼亚州南部，其中以加利福尼亚州的克尔茂（Kramer）最为著名。此外，还分布在死谷地区（位于加利福尼亚州与内华达州交界处）、西尔湖、犹他州大盐湖等。

俄罗斯的硼矿主要集中分布在高加索、印迭尔、小亚细亚、乌拉尔及太平洋沿岸。此外，还分布在马库油田中。

南美洲硼矿床主要分布在阿根廷、智力、玻利维亚和秘鲁等国家的共同边界——安第斯山脉，以干盐湖型矿床为主，目前已发现大约 40 个硼矿床，这些矿床规模较小，主要矿物为钠硼解石和硼砂，其中阿根廷萨尔塔省的廷克拉荣是世界上较大的硼矿床之一。

国外的硼矿除上述国家和地区外，还在印度和巴基斯坦的克什米尔地区，意大利的托斯卡纳岛温泉，德国斯塔斯富特钾盐矿中的光卤石中也有分布，但储量不一。

中国是世界上最早发现和使用硼矿的国家，硼矿总储量仅次于美国、土耳其和俄罗斯，居世界第四位。硼矿主要集中分布在东北和西部地区的辽宁、吉林、青海、西藏四省区，成矿带主要有辽宁东-吉林南沉积变质型硼矿、青藏高原盐湖硼矿及江苏六合冶山-广西钟山黄宝矽卡岩型硼矿三个。还有少量分布于华北、华南、中南及华东地区，另外，四川有含硼卤水，江苏某铁矿也含有硼资源，湖南和安徽也有中型矽卡岩型硼矿。同时中国西部的青海、西藏、新疆省区有许多盐湖，硼的蕴藏量相当丰富，如青海的硼资源主要分布于柴达木盆地、一里坪、察尔汗、东吉乃尔、西吉乃尔等地；西藏地区的硼资源主要分布于唐古拉山脉、班戈、奇林诸盐湖等地；新疆的硼资源主要分布在罗布泊一带。

1.2.2　硼资源开发利用现状

硼资源的开发利用对于现代工业的发展具有越来越重要的作用，越来越受到广泛的重视。2012 年全球各行业对硼酸盐需求的比例如图 1-1 所示。

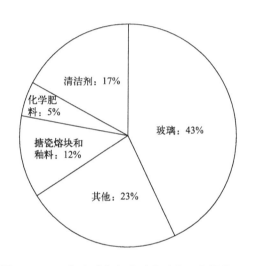

图 1-1　2012 年全球各行业对硼酸盐需求量的比例

由图 1-1 可以看出，玻璃行业占全球硼需求量的 43%，清洁剂行业占 17%，搪瓷熔块和釉料行业占 12%，化学肥料行业占 5%，硼酸盐市场的其他行业占 23%，包括冶金、木材处理、医药业、阻燃剂、原子能产品、耐火材料、杀虫剂以及其他与农业有关的应用。

国外的含硼产品发展迅速，如美国的含硼产品已达 150 多个品种，其产量和销售量都居世界首位，以美国硼砂公司（US Borax）为例，其生产能力占美国硼化物总生产能力的 70% 以上；在欧洲，清洁剂市场占该部分世界硼消费量的 75% 以上；陶瓷工业在欧洲、拉丁美洲以及亚洲比在北美洲要重要些；中国对硼酸盐需求量的领域主要为搪瓷、玻璃及陶瓷工业。

自 20 世纪 90 年代末，随着中国经济的迅速发展，国内外市场对硼的应用领域不断扩大，市场对原料硼的需求量不断增加，原材料的价格涨幅很大，国内的硼工业又迅速发展起来。

目前，中国硼矿可以开发利用的主要有硼镁石矿和盐湖硼矿，可利用且易加工的硼镁石矿经过几十年的开采，几乎已经接近枯竭，目前仅有储量 300 万吨 B_2O_3，预计最多可再开采十来年，且品位日益下降。同时，固体硼矿资源在加工的过程中会产生大量的副产品，这些副产品中混杂有 10％～15％ 硼酸，硼资源极度浪费。而盐湖硼矿大都处于比较偏远的地方，虽然有富矿，但由于交通不便等各方面的因素，尚未进行大规模的开发[8]。

面对这种形式，为了减小未来硼产品造成的缺口，一方面必须对现有的硼酸生产工艺进行分析，对硼酸生产装置进行改造，减少硼酸在生产过程中废渣及废水的排放，提高硼的回收率，增大企业的经济效益。另一方面，需尽快解决后备硼资源的问题[9]，应该继续加强硼矿资源的勘查工作，寻找新的硼矿资源，探明储量，重视液态硼矿中硼资源的开发利用，重视开发现已探明的盐湖卤水中蕴藏的液态硼矿资源，研究液态硼矿资源的生产工艺，将会极大地缓解硼产品供不应求的局面[10]。

近年来，西方国家如美国、俄罗斯、智利等对盐湖卤水提硼的工艺已经进行了大量的研究并已将其应用于生产，而中国对此方面的研究起步较晚，尚处于初级阶段，但开发前景广阔。

总之，国内外市场对硼资源的应用逐渐在开辟着新领域，这无疑会推动硼酸工业的发展，预计需求量会有大量的增加，在国内外硼酸生产能力及加工量逐年递增的情况下，仍然供不应求。因此，需尽快解决硼资源问题，即对中低品位的固体硼矿以及含硼盐湖卤水资源进行开发利用。

1.2.3　盐湖硼资源开发利用现状

近年来，世界各国对盐湖硼资源的开发利用不断创新，不断开发新的工艺及技术，以最大限度地降低生产成本、提高产品竞争力、减少产业污染，实现资源与环境的可持续发展。

世界含硼的主要盐湖如表 1-2 所示。

表 1-2 世界含硼的主要盐湖

国家	盐湖
以色列	死海
美国	西尔斯湖
智利	阿塔卡玛盐湖
玻利维亚	乌尤尼湖
中国	柴达木盆地盐湖

由表 1-2 可知，世界含硼的盐湖有以色列的死海、美国的西尔斯湖、智利的阿塔卡玛盐湖、玻利维亚的乌尤尼湖、中国的柴达木盆地盐湖等。以色列的死海工程公司具有世界上最高的盐湖化工水平；美国早在 1919 年就从西尔西斯湖的卤水中生产硼砂；智利对阿塔卡玛盐湖进行的硼资源开发是 20 世纪 90 年代世界盐湖资源开发的一个重要典范[11,12]。中国的盐湖资源十分丰富，以数量多、类型全、资源丰富等而著称[13~16]。近年来，中国在盐湖资源的开发利用上取得了较快的进展，但整体水平仍与世界上开发利用盐湖资源的先进国家存在较大的差距[17]。

长期以来，中国对盐湖资源的开发利用一直是采富弃贫，有的只采其中易于开采的单一矿物，盐湖资源没有得到综合利用，造成大量资源的浪费，大量废弃的老卤排放到盐湖中造成矿床成分的破坏，同时对资源和环境造成巨大的污染。另外大部分盐湖地区在偏远的无人区，交通不便，无任何工业基础，因此存在开采规模不大、盐湖产品品种单一、产量偏小、回收率低、经济效益不高等缺点。在中国发现的含硼卤水资源中，目前只有几家单位生产硼酸，但是产量和品位都较低。

综上所述，中国急需对含硼卤水资源加强研究和开发力度，可缓解中国硼资源供应不足的局面，同时在研究的过程中需考虑回收盐湖卤水中如钾、镁、锂等有价值的产品，实现盐湖卤水资源的综合利用[18]。总之，中国对盐湖中硼资源的开发与利用研究尚处于初级阶段，开发更经济、更简单的提硼工艺具有十分重要的意义。

1.3 硼的危害

1.3.1 硼对盐湖卤水资源综合利用的危害

从盐湖卤水中提取氯化镁时，如果硼含量过高，会导致某些形状的耐火砖加工困难，而且在要求使用高热强度耐火材料时，硼的存在也可能产生问题。

当采用无水氯化镁电解方法制备金属镁时，若氯化镁中含有大量的硼，将导致镁不容易聚集起来，而易生成分散的小球散布在电解槽里，使电解效率严重降低，大量的镁金属会以槽污垢的形式而损失。同时，如果最后的产品中含有硼，由于硼对热中子有着较高的负载能力，因此这种金属镁也是不符合要求的[19]。

再者，由石灰乳制备卤水镁砂时，由于氢氧化镁胶体对硼具有较强的吸附性，制得的氢氧化镁不可避免地会受到硼的污染，如不采取任何降硼措施，产品镁砂中会含有 B_2O_3，而少量 B_2O_3 的存在会影响到镁砂的高温性能和抗折强度，因为 B_2O_3 与 CaO、SiO_2 等杂质会生成各种低熔点化合物，其熔点大多在炼钢炉的操作温度以下；达到一定温度后 B_2O_3 还会气化，造成镁砂气孔率的增加，体积密度下降，使耐火材料对钢水的抗蚀性降低[20,21]。

1.3.2 硼对动物、人体的危害

硼会影响生命过程所必需的许多物质的代谢或利用，从而改变血液、脑、骨骼及免疫功能，硼的缺乏会导致人和动物的运动速度减慢，注意力降低等[22~25]。同时，硼及其化合物在生产和使用的过程中，硼元素会进入废水、地下水中，容易与某些重金属元素如 Pb、Cd、Cu、Ni 等结合成化合物，而这些化合物比单独的重金属元素更加有毒，造成对环境的污染。若饮用水中硼含量超标，会对人体造成伤害，可引起慢性中毒，使肝、肾脏受到损坏，脑和肺出现水肿。根据 WTO（世界贸易组织）标准，人类的饮用水中硼含量不能超过 0.3mg/L[26~29]。

1.3.3 硼对农作物的危害

植物对硼非常敏感，作为微量营养元素之一，可促成农作物的生长；若供

给不足，则会使作物产生生理病害，影响最大的是代谢旺盛的细胞和组织；若供给过量，也会对农作物产生危害，阻碍植物生长。一般来说，硼浓度不能超过 $1\mathrm{mg/L}$[30~32]。硼在植物体内多集中分布于茎尖、根尖、叶片和生殖器官中。所以缺硼时，植物根端、茎端生长停止，严重时生长点坏死，侧芽、侧根萌发生长，枝叶丛生；硼过剩最常见的症状之一是作物叶片周缘出现黄边，在蔬菜作物上有所谓的金边菜，同时还影响光合产物在作物体内的分配和转运，破坏植物的输导组织，影响有机物的运输，导致植物生长过程停滞。

1.4 硼在水溶液中的存在形式

由于硼特殊的配位性质，硼酸盐在其水溶液中有多种硼氧配阴离子形式，硼在溶液中的存在形式及各粒子之间的相互作用受溶液中的硼浓度、pH、温度、溶液离子强度等多种因素的影响[33]。

一般认为，在低总硼浓度的溶液中无聚合硼的存在，在总硼浓度较高的溶液中有聚合物产生，溶液中的总硼浓度越高，主要硼氧配阴离子的聚合度越大；pH 越大，多聚硼氧配阴离子的聚合程度越小[33]。

水溶液中可能存在的硼氧配阴离子主要有单硼酸根离子 $B(OH)_4^-$、$BO(OH)_2^-$、$B(OH)_5^{2-}$、$B(OH)_6^{3-}$、$BO_2(OH)^{2-}$；二硼酸根离子 $B_2O_4(OH)^{3-}$、$B_2O(OH)_6^{2-}$；三硼酸根离子 $B_3O_3(OH)_4^-$、$B_3O_4(OH)_2^-$、$B_3O_5(OH)_2^{3-}$、$B_3O_3(OH)_5^{2-}$、$B_3O_4(OH)_4^{3-}$、$B_3O_4(OH)_3^{2-}$、$B_3O_5(OH)^{2-}$、$B_3O_3(OH)_6^{3-}$；四硼酸根离子 $B_4O_5(OH)_4^{2-}$、$B_4O_7(OH)_4^{4-}$、$B_4O_6(OH)_2^{2-}$、$B_4O_6(OH)_6^{6-}$、$B_4O_4(OH)_8^{4-}$；五硼酸根离子 $B_5O_6(OH)_4^-$、$B_5O_7(OH)_2^-$、$B_5O_7(OH)_3^{3-}$、$B_5O_8(OH)^{2-}$、$B_5O_6(OH)_6^{3-}$、$B_5O_7(OH)_4^{3-}$、$B_5O_8(OH)_2^{3-}$；六硼酸根离子 $B_6O_7(OH)_6^{2-}$、$B_6O_8(OH)_4^{2-}$、$B_6O_9(OH)_2^{2-}$、$B_6O_7(OH)_7^{3-}$；八硼酸根离子 $B_8O_{13}(OH)_2^{4-}$；九硼酸根离子 $B_9O_{12}(OH)_4^-$ 等[33]。

下面列出几个主要的平衡反应式。

$$B(OH)_3 + H_2O \rightleftharpoons B(OH)_4^- + H^+ \tag{1-1}$$

$$B(OH)_3 \rightleftharpoons BO(OH)_2^- + H^+ \tag{1-2}$$

$$2B(OH)_4^- \rightleftharpoons B_2O(OH)_6^{2-} + H_2O \tag{1-3}$$

$$3B(OH)_3 \rightleftharpoons B_3O_3(OH)_4^- + H^+ + 2H_2O \qquad (1\text{-}4)$$

$$3B(OH)_3 \rightleftharpoons B_3O_3(OH)_5^{2-} + 2H^+ + H_2O \qquad (1\text{-}5)$$

$$4B(OH)_4^- \rightleftharpoons B_4O_5(OH)_4^{2-} + 2OH^- + 5H_2O \qquad (1\text{-}6)$$

$$2B(OH)_4^- + 2B(OH)_3 \rightleftharpoons B_4O_7^{2-} + 7H_2O \qquad (1\text{-}7)$$

$$5B(OH)_3 \rightleftharpoons B_5O_6(OH)_4^- + H^+ + 5H_2O \qquad (1\text{-}8)$$

$$B_5O_6(OH)_4^- + B(OH)_4^- \rightleftharpoons B_6O_7(OH)_6^{2-} + H_2O \qquad (1\text{-}9)$$

由式（1-1）～式（1-9）可知，水溶液中的硼氧配阴离子在一定的条件下彼此之间是可以相互转化的。

1.5　从盐湖卤水中提取、去除硼的主要方法

在从盐湖卤水提硼的过程中，为了使采富弃贫、母液不能循环利用、不综合利用卤水资源、污染环境等现象不再发生，在科研的过程中要考虑到实际生产，从生产的实际出发，开发合适的卤水资源综合利用工艺，达到促进产业化发展的目的。常见的提取、去除硼的方法主要包括酸化结晶、溶剂萃取、化学沉淀、分级结晶、吸附、反渗透膜、电混凝、电渗析等[34]。

1.5.1　酸化结晶法

酸化结晶法[35,36]　主要适用于富硼的盐湖卤水体系，通常原料中所含B_2O_3的质量分数高于2%～3%，其原理是将盐酸或者硫酸加到卤水中，使卤水中的硼转化为硼酸，利用硼酸在饱和盐溶液中溶解度小的特点，使硼酸在卤水中饱和后结晶析出，从而与其他成分分离。该法工艺流程简单、成本低、设备投资小，但耗酸量大、产率不高、硼的总回收率低，经济效益不明显，为了较彻底地分离硼，提高硼产品的收率，酸化法往往需要与其他方法如溶剂萃取法结合使用才能充分利用资源。

通常用盐酸酸化时回收率会比用硫酸酸化高些，但也只能提高50%～60%，而氯离子对设备的腐蚀非常严重，同时对人体有害，对环境造成恶劣的影响，且硫酸价格比盐酸价格稍低，硫酸法的酸消耗量小于盐酸法的酸消耗

量。因此，从保护设备、保护环境、经济等方面来看，硫酸酸化比盐酸酸化提取卤水中的硼酸有优势。

1.5.2　溶剂萃取法

溶剂萃取法[37,38]适用于溶液中硼（以硼酸计算）含量为 $2 \sim 18 g/L$ 的体系，其原理是和水不相溶的萃取剂与硼酸及其盐溶液充分接触时，将硼从含硼卤水中萃取到有机相中，生成络合物，达到与水相中的其他离子分离的目的。然后反萃负载有机相后反萃液经浓缩、酸化沉淀得到硼酸或硼砂，一般需要盐析剂来辅助进行。

溶剂萃取法的关键是选取对硼具有选择性萃取能力的萃取剂，其最大特点是提硼的范围广、选择性好、工艺简单、速度快、杂质分离彻底、收率高等，可见，萃取工艺有广阔的应用前景，有望在盐湖卤水提硼中实现工业化[39,40]。但影响硼萃取率的因素较多，其设备复杂，有机萃取剂必须对硼具有较高的选择性，且造价比较高，该法在萃取与反萃过程中，常存在乳化、界面絮凝物，有机溶剂易挥发，部分溶于水，造成试剂的损失而使成本增加，同时对设备的腐蚀较严重，对环境造成污染。为了保证后续工序的顺利进行，需采取措施去除溶液中的有机物质。采用溶剂萃取法提取硼工艺的研究方向主要在于选取高选择性、低毒、无污染、廉价的萃取剂，选择合适的萃取条件、萃取设备来应用于工业生产。

1.5.3　化学沉淀法

化学沉淀法是一种有效的从卤水中分离提取硼酸的方法，是将硼转化成难溶的硼酸盐或硼酸来分离硼[41~43]，有加碱沉淀法和加酸沉淀法两种，主要适用于富硼体系且钙、镁含量低的卤水。

加碱沉淀法的主要原理是指在弱碱性条件下，在卤水中加入活性氧化镁、石灰乳等沉淀剂，硼与金属氧化物反应生成难溶的硼酸盐沉淀。加酸沉淀法的主要原理是指在卤水中加入盐酸或者硫酸，使得硼转化为溶解度较小的硼酸，利用硼酸在饱和盐酸中溶解度小的特点分离出来。因此，合适的 pH 是化学沉淀法提硼的关键,沉淀法一般所需的原料较少、设备简单、投资少、生产周期短,易于工业化,从目前国内外研究状况来看,该方法对硼的回收率只有50%～60%。

1.5.4 分级结晶法

分级结晶法主要针对碳酸盐型盐湖,其主要原理是利用硼酸或硼酸盐溶解度较低且溶解度随温度变化较大的特点,采用太阳能强制蒸发使得盐湖卤水中的不同盐类在某一温度范围内依次逐级结晶,最后将硼含量高的母液酸化、冷冻、结晶析出硼酸[44]。

1.5.5 吸附法

吸附法包括无机吸附和有机吸附[45,55]。无机吸附是指某些氧化物或者氢氧化物型吸附剂,与硼离子产生共沉淀作用生成相应的金属硼酸盐,或利用硼的缺电子特性易于被某些无机吸附剂吸附的特点来分离硼,具有成本低廉、材料易于获取的优势。但是这种吸附剂力学性能低,会受到碱金属离子的干扰,且无机吸附剂过滤速度慢,共沉淀载体需要解吸,解吸时间较长,长期使用后吸附量会降低,妨碍其在工业方面的应用。

有机吸附即离子交换法[56],该法的原理是利用硼特效树脂中的邻二羟基官能团与海水或盐湖卤水中的硼络合而吸附硼,使其与溶液中其他物质完全分离,再用稀酸溶液把硼从负载树脂上解吸出来,得到含硼量较高的溶液,最后将该溶液蒸发浓缩,冷却结晶,过滤干燥后而制得硼酸产品,硼回收率可达90%以上[56~61]。目前该法技术比较成熟,具有操作流程简单、操作方便、无污染、提硼效率高等特点,是一种常用的除硼方法。且该方法对于初始溶液中硼浓度的要求不高,尤其适用于低品位的海水、卤水体系,其原料可不断再生,再生后仍具有较好的吸附性能,成本低,同时离子交换树脂有很强的可降解性,可以减少二次污染带来的危害,因此树脂吸附法从经济和环保角度考虑比其他方法有较大的优势,对于盐湖卤水的综合利用具有广阔的应用前景[62,63]。

若要实现吸附法在工业中的应用,关键是寻求吸附选择性好、吸附量大、机械强度高、树脂损耗小、循环利用率高、对环境无污染和廉价易得的吸附剂，为该法在工业中的实际应用带来新的希望[64,65]。

1.5.6　反渗透膜法

反渗透膜法是指在含有硼的水中，施以比自然渗透压力更大的压力，使渗透向相反的方向进行，把水分子压到膜的另一边，变成洁净的水，从而达到除去水中硼的目的，其主要受水的 pH、压力、膜材料等因素的影响。

1.5.7　电混凝法

电混凝法以铝或铁作电极，阳极会溶出 Al^{3+} 或 Fe^{2+} 等离子，其在水中水解，可与硼产生混凝或絮凝作用。该方法通常伴随有电气浮和电氧化等过程，从而使得水中的胶体和悬浮态污染物得到有效去除。

1.5.8　电渗析法

电渗析法[66] 是指在电流作用下，使硼酸在水溶液中存在的硼氧配阴离子通过阴离子交换膜进入阳极区，而阳离子不能通过阴离子交换膜，从而达到硼分离的目的，该方法是一种物理化学的除硼方法。

针对上述提取、去除硼的方法可知，各方法各有利弊。酸化结晶法适用于富矿或经蒸发富集的卤水，否则酸消耗较大，而且存在流程复杂、回收率低、提取过程中盐酸和其他添加剂返回母液造成对盐湖的污染等缺点。溶剂萃取法虽然具有工艺流程短、操作连续、速度快、处理量大、选择性高、回收率高等优点，但缺点在于所使用的萃取剂价格大多较昂贵，且萃取剂、稀释剂等试剂在使用过程中会损失而使成本增加，在萃取与反萃过程中，萃取剂会挥发且部分溶损于水，会造成对设备的腐蚀，同时污染环境。化学沉淀法能处理硼含量高的溶液，但化学试剂消耗量大、沉淀物需后处理，成本高；分级结晶法采用间断操作、反复多次结晶，过程冗长、收率低、成本高、操作麻烦、劳动强度大。反渗透膜法受 pH 影响较大，高 pH 会对膜损害大，同时在应用中要考虑到膜污染、RO 浓水的处理等问题。电混凝法须考虑极板的消耗、能耗、沉淀的产生量及后处理等问题；电渗析法受盐度影响大，只适合去除硼含量低的溶液，同时费用贵，设备腐蚀严重。吸附法中的活性炭、金属氧化物等吸附剂的处理和再生费用相对较高，而吸附法中的树脂吸附法具有可反复使用、能耗低、无污染、选择性较好、操作周期短等优点，提硼过程中不引入新的杂质离子，负载硼的树脂经过稀酸解吸后可循环使用，解吸下来的硼，经过蒸发浓缩得到的硼酸产品质量好，该方法不仅可用于盐湖卤水去除硼，也可用于盐湖卤水提取硼。

1.6　树脂吸附法吸附硼的研究历史与现状

硼特效树脂从开发到现在经历了 50 多年的发展[67]，然而硼特效树脂的吸附量和利用率还不尽理想，利用树脂除硼的成本仍需要降低，工艺还需进一步优化。

研究对硼有特效吸附性能的吸附剂，美国和前苏联起步较早。1957 年 Lyman 和 Preuss[68] 用氯甲基化聚苯乙烯和 N-甲基葡萄糖胺反应，首次合成了对硼有较高选择性的树脂，可用于除去灌溉水中的硼酸盐。随后，分别用 N-甲基葡萄糖胺和三羟甲基甲胺合成了大孔型树脂[69]。

1967 年，美国的 Jacqucline Clkane 等利用含有许多活性羟基基团的某些不溶性的固体树脂和硼酸根离子的络合作用回收硼酸。树脂可选用纤维素、半纤维素、植物树胶、直链或支链淀粉、糖原、动物多糖或它们的混合物组成的多糖基团，然后用稀酸解吸负载树脂，生成硼酸的同时再生树脂。

1969 年，M. J. Hatch 等将多元醇转化为醇钠，与含硫或铵基的氯型强碱树脂反应合成了含醚键的多羟基螯合树脂，对硼有一定的吸附能力。这些树脂在 NaCl 和 $MgCl_2$ 等盐类存在的情况下也能吸附硼。

1977 年，美国的 Kunin[70] 研究了 Amberlite XE-243 树脂对硼的吸附特性，它是用氯甲基化的苯乙烯-二乙烯苯共聚物与 N-甲基葡萄胺进行胺化反应制得的。该树脂能够从碱性溶液中吸附硼氧配阴离子，用酸可将硼从树脂上淋洗下来，这是由于其在酸性溶液中可以转化成不被树脂吸附的 $B(OH)_3$ 形式。Amberlite XE-243 硼特效树脂获得专利后，产品名改为 Amberlite IRA-743，由美国 Rohm & Haas 公司生产[71]。目前，该树脂已被广泛地应用于硼的化学分离提取上以及在海水提镁时，预先从海水中去除硼。

1982 年，苏联专利报道用二甲基乙醇胺胺化的苯乙烯和二乙烯苯聚合物合成的 Av-29 硼交换树脂，其吸附容量比 Amberlite IRA-743 高。

1983 年，日本将 Amberlite IRA-743 硼树脂应用到海水提硼的工业化实验中并获得了日本专利。

1983 年，我国核工业部五所研究合成了 D564 树脂，该树脂是在 Amberlite IRA-743 的基础上合成的，已成功地用于西沙群岛海水脱硼[72]。D564 树脂是利用苯乙烯-二乙烯苯共聚物与 N-甲基葡萄糖胺反应制得的带多羟基的聚合物。该树脂对硼酸具有高度的选择性，在大量其他阴、阳离子的存在下，都可以交换吸附硼。

1992 年 U. Schilde 等[73]选用了 WOFATIT MK 51 树脂从天然气开采中抽取的卤水中回收硼酸。这种树脂对硼酸有很高的选择性，其原理是硼与树脂的1-脱氧-1-糖醇基形成了络合物，硼酸与两种顺位羟基结合。

1996 年，中国科学院青海盐湖研究所的肖应凯[74]等科研人员研究了交换溶液的 pH 和体积以及含盐量对 IRA743 树脂吸附硼的影响，并改进了对硼淋洗的方法，获得了满意的实验结果。

2006 年，中国科学院青海盐湖研究所的孔亚杰、李海民、韩丽娟等[75]做了 D403 树脂从盐湖卤水中提取硼酸的探索实验，考察了该树脂对卤水中硼的吸附性能、解吸性能，以及对卤水中钠、镁等杂质离子的吸附解吸性能。结果表明，D403 树脂对卤水中硼的吸附量较低，但其在盐酸中的解吸性能较好；对卤水中钠、镁等杂质离子的吸附量不大，较易被去离子水解吸。

2006 年，青海省柴达木综合地质勘查大队李文强等[76]做了 D564 树脂提取硼的实验。同时，朱昌洛等[77]利用四川某地卤水进行了穿透曲线和解吸曲线研究，发现 D564 树脂的吸附量低，仅适用于含硼量极低情况下提硼或除硼，如海水的淡化工艺。如果应用于一般卤水液中提硼（如 B 含量＞1g/L），设备系统太庞大，操作必然复杂，不利于实现工业化。

XSC-700 树脂是由西安电力树脂厂合成的与 Amberlite IRE-743 树脂功能基本相同的一种硼特效螯合树脂，是一种苯乙烯和二乙烯苯交联、具有 N-甲基葡萄糖胺基的大孔结构螯合树脂，能够正常工作的温度范围较大，并且在各种溶剂中的稳定性都很好，这就为树脂在各种条件下的保持性能提供了保证。之前，王美玲等[78] 对这种树脂的性能也进行了研究，发现该树脂对硼有较强的吸附性，平衡吸附量受硼酸的影响较大，受硼酸酸度和流速影响较小，硼酸溶液在 pH 值为 5～12 的酸度范围内，对单位树脂硼吸附量无影响。

第 2 章

离子交换树脂的筛选

2.1 引言

在众多的硼分离方法中，离子交换法因其操作方便、工艺简单、选择性好及分离效率高等优点而被广泛使用，评判离子交换树脂的质量主要用其吸附性能、解吸性能、选择性能以及物理性能等来衡量，评判标准[79~81]如表 2-1 所示。

表 2-1　离子交换树脂的质量评判标准

参数	标准
吸附性	吸附量大，吸附速度快
解吸性	解吸液量少，解吸完全，解吸速度快
选择性	其所带的功能基对某一离子具有专一的选择性
物理稳定性	有一定的抗磨损和抗冲击的机械强度，不易破裂
化学稳定性	不溶于水、酸或碱

本章首先结合工业应用中对树脂的要求以及资料调研结果，预选出几种树脂，然后研究各树脂在单一硼元素水溶液体系下对硼的静态吸附行为，考察初始硼浓度、温度、pH、树脂用量及搅拌速率等对各树脂吸附硼的影响，从中选出吸附性能最佳的树脂；研究多种金属离子对各树脂吸附硼的影响以考察各树脂的选择吸附性，并对各树脂的解吸性能进行研究以考察各树脂的解吸速率及解吸程度；最后测定各树脂的物理及化学稳定性，综合评价并筛选出性能较优的树脂。

2.2 实验部分

2.2.1 实验原料、药品及设备

实验所采用的溶液为模拟溶液，一类为用分析纯硼酸根据实验要求配制的不同硼浓度的模拟液，另一类为根据我国卤水的组成特性，添加卤水中常见盐类如氯化镁、氯化钾、氯化钠、氯化锂等的模拟卤水溶液，用硫酸或氢氧化钠调整试验所需 pH。

　　实验所采用的树脂则是结合工业应用中对树脂的要求以及资料调研结果，选择了江苏苏青水处理厂的 D403 树脂，山东东大化学工业公司的 D564 树脂，郑州西电电力树脂厂的 XSC-700 树脂。各树脂的物理性能见表 2-2。

表 2-2　各树脂物理性能

物理性能	树脂型号		
	D564	D403	XSC-700
外观	白色至微黄色不透明球体	淡黄色至灰褐色不透明球体	白色不透明球体
聚合物母体结构	苯乙烯-二乙烯苯	苯乙烯-二乙烯苯	苯乙烯-二乙烯苯
功能基团	N-甲基葡萄糖胺	亚胺二乙酸	N-甲基葡萄糖胺
含水量/%	55～60	46～56	45～55
粒径范围/mm	0.27～1.0	0.3～1.27	0.315～1.25
湿表观密度/(g/mL)	0.70～0.72	0.68～0.78	0.65～0.75
湿真密度/(g/mL)	1.07～1.10	1.08～1.18	1.02～1.18

　　实验中所用的主要化学药品为：硼酸（西陇化工股份有限公司，分析纯），氯化镁（国药集团化学试剂有限公司，分析纯），氯化钾（西陇化工股份有限公司，分析纯），氯化钠（西陇化工股份有限公司，分析纯），氯化锂（天津市科密欧化学试剂开发中心，分析纯），盐酸（湖南省株洲化学工业研究所，分析纯），硫酸（湖南省株洲市化学工业研究所，分析纯），氢氧化钠（天津市风船化学试剂科技有限公司，分析纯），乙二胺四乙酸（国药集团化学试剂有限公司，分析纯），氯化铵（汕头西陇化工有限公司，分析纯），氨水（株洲维德化工有限责任公司，分析纯），乙醇（天津市恒兴化学试剂制造有限公司），络黑 T（天津市科密欧化学试剂开发中心，分析纯），国家标准硼酸溶液（国家钢铁材料测试中心钢铁研究总院，光谱纯），去离子水等。

　　实验所用的主要仪器设备为：扫描电子显微镜（JSM-6360LV，日本电子株式会社），集热式恒温磁力搅拌器（DF-101S，金坛市中大仪器厂），电子恒温水浴锅（DZKW-4，北京中兴伟业仪器有限公司），电子天平（AUY120，日本岛津制作所株式会社），水循环式多用真空泵（SHZ-D，上海精科雷磁），超声波清洗槽（MJ-300，无锡美极超声设备有限公司），真空干燥箱（DZ-2BC，天津市泰斯特仪器有限公司），pH 计（pHS-25，上海精科雷磁），实验室专用超纯水机（Milli-Q，MilliPore），电感耦合等离子体发射光谱仪 ICP-OES（Intrepid Ⅱ XSP，美国热电元素公司），火焰原子吸收光谱仪（Aana-lyst100，美国 PE 公司）等。

2.2.2 实验方法

2.2.2.1 树脂的预处理

一般情况下，树脂是一种复杂的混合物，除含有不溶的高分子组分外，还含有合成过程中生成的低聚物、反应试剂、溶胀剂、催化剂和未参加反应的单体，出厂时即使已经洗净，但由于长期存放，会发生氧化反应，还会陆续释放出杂质。同时，生产过程中使用的设备受到反应介质的腐蚀，一些金属离子会沉积在树脂颗粒上。此外，树脂在贮存、装运、包装过程中也会有杂质产生。当树脂与水、酸、碱溶液等相接触时，这些杂质会转入溶液中，影响溶液质量。因此，为了提高离子交换树脂的使用寿命，保证溶液质量，在使用前要进行预处理，以除去杂质，并使得树脂转变为指定的离子形态。

树脂的预处理参照国家标准《离子交换树脂预处理方法》（GB/T 5476—1996）[82] 进行。预处理时，先用去离子水浸泡约 24h 使树脂充分溶胀，倾去气泡和杂质，用纯水反复洗去树脂中的悬浮物及生产时破碎的树脂小颗粒至澄清，过滤；水洗后将树脂放入至 4 倍量 1mol/L 盐酸溶液中搅拌 2h，过滤，用去离子水反复清洗至近中性，再过滤；再用 4 倍量 1mol/L 氢氧化钠搅拌使之转型完全，过滤，用去离子水洗至中性，过滤；最后用去离子水浸泡备用。

树脂外部水分的去除参照国家标准《离子交换树脂含水量测定方法》（GB 5757—86）[83] 中去除外部水分的方法进行，即对预处理后的树脂进行真空抽滤，以除去树脂表面外部的水分。

实验如无特殊说明，预处理及外部水分的去除均采用上述方法。

2.2.2.2 静态吸附实验

采用静态法研究初始硼浓度、pH、温度、吸附时间、树脂用量及几种金属离子（Mg^{2+}、K^+、Na^+、Li^+ 等）对 D403、D564、XSC-700 树脂吸附硼的影响，从中选出具有最佳吸附性能的树脂。

分别量取一定量已预处理的各树脂（将树脂倒入含有水的量筒中，静置至树脂不再下降，读取树脂的体积，此时的读数为树脂体积），离心甩干后置于一定 pH、浓度和体积的纯硼酸溶液或者 $MgCl_2$-KCl-NaCl-$LiCl_2$-B(OH)$_3$ 溶液中，在一定温度下放入恒温水浴中，开动磁力搅拌器搅拌反应，吸附一定时间后，取上清液分析测定吸附前后溶液的离子含量，采用式（2-1）计算单位树脂硼吸附量。

$$q_t = \frac{(c_0 - c_t)V}{v} \tag{2-1}$$

式中，q_t 为 t 时刻单位树脂硼吸附量，mg/（mL 树脂）；c_0 和 c_t 分别为溶液初始和吸附 t 时刻的硼浓度，mg/L；V 为溶液的体积，L；v 为树脂的体积，mL。

当吸附达到平衡时，吸附容量达到平衡吸附容量 q_e［mg/（mL 树脂）］，溶液中硼的浓度达到平衡浓度 c_e(mg/L)。

根据式（2-2）计算树脂对硼的吸附率。

$$\varPhi_t = \frac{c_0 - c_t}{c_0} \times 100\% \tag{2-2}$$

式中，$\varPhi_t$ 为 t 时刻树脂对硼的吸附率，%；c_0 和 c_t 分别为溶液初始和吸附 t 时刻的硼浓度，mg/L。

当吸附达到平衡时，吸附率达到平衡吸附率 $\varPhi_e$(%)。

2.2.2.3　解吸实验

将吸附硼后的树脂放置于一定浓度和体积的解吸液中进行解吸，解吸后对树脂进行真空抽滤，实现固液分离，分析液体中的硼含量，由式（2-3）计算解吸率。

$$\varphi = \frac{c_d V_d}{q_t v} \times 100\% \tag{2-3}$$

式中，φ 为解吸率，%；V_d 为解吸液体积，L；c_d 为解吸液中硼浓度，mg/L；q_t 为 t 时刻树脂对硼的吸附量，mg/（mL 树脂）；v 为树脂体积，mL。

2.2.2.4 样品检测方法

实验中硼的分析检测方法采用电感耦合等离子体原子发射光谱法（ICP-OES 法）；对 K、Na、Li 的分析检测方法均采用原子吸收法；对 Mg 的分析采用 EDTA（乙二胺四乙酸）滴定法。

2.2.2.5 树脂稳定性的测定

(1) 机械稳定性能的测定

借鉴国家标准《离子交换树脂渗磨圆球率、磨后圆球率的测定方法》（GB/T 12598—2001）[84]中的方法，即量取若干份树脂（每份 10mL），采取水渗透后滚磨的方法，采用瓷球滚磨对树脂施加压力和摩擦对树脂进行处理 3min 后，根据式（2-4）计算磨后圆球率以判定树脂的机械稳定性。

$$\alpha = \frac{m_1}{m_1 + m_2} \times 100\% \tag{2-4}$$

式中，α 为磨后圆球率，%；m_1 为圆球颗粒的质量，mg；m_2 为破碎颗粒的质量，mg。

(2) 化学稳定性能的测定

量取若干份不同树脂（每份 10mL）分别放于 100mL 0.5mol/L 的盐酸和 100mL 0.5mol/L 的氢氧化钠两种溶液中，室温下浸泡 7 天，对其进行过滤，并分别用 100mL 纯水洗涤后离心甩干；将树脂转入 100mL 含硼约 1.0g/L 的硼酸溶液中，平衡 1h 后，取上清液用 ICP-OES 法分析溶液中硼的浓度，计算经酸碱处理前后单位树脂吸附量，根据式（2-5）计算酸碱处理后树脂的吸附量保有率以判定树脂的化学稳定性能。

$$\beta = \frac{q_2}{q_1} \times 100\% \tag{2-5}$$

式中，β 为酸碱处理后树脂的吸附量保有率，%；q_1 为未经酸碱处理的单位树脂吸附量，mg/（mL 树脂）；q_2 为酸碱处理后的单位树脂吸附量，mg/（mL 树脂）。

(3) 热稳定性能的测定

量取若干份不同树脂（每份 10mL）置于烘箱内，分别在不同温度下加热

10h，以 100mL 浓度约为 1.0g/L 的硼酸溶液为吸附溶液，平衡 1h 后，取上清液用 ICP-OES 法分析溶液中硼的浓度，计算加热前后树脂对硼的单位树脂吸附量，根据式（2-6）计算热处理后树脂的吸附量保有率以判定树脂的热稳定性能。

$$\gamma = \frac{q_2'}{q_1'} \times 100\% \qquad (2\text{-}6)$$

式中，γ 为热处理后树脂的吸附量保有率，%；q_1' 为未经热处理的单位树脂吸附量，mg/(mL 树脂)；q_2' 为热处理后单位树脂吸附量，mg/(mL 树脂)。

2.3 结果与讨论

2.3.1 各种离子交换树脂对纯硼酸溶液中硼的静态吸附研究

将 D403、D564、XSC-700 树脂用真空喷金处理后，用扫描电镜观察各树脂的表面形貌，结果如图 2-1 所示，其中（a）～（c）分别为 D403、D564、XSC-700 树脂放大 30 倍的 SEM 照片。

由图 2-1 可以看出，D403、D564、XSC-700 树脂均为球形颗粒，形状都较为规则。D564 树脂的平均粒径相对较大；XSC-700 树脂的平均粒径相对较小，颗粒大小分布相对较为均匀；D403 树脂的平均粒径居于 D564 与 XSC-700 树脂之间，颗粒大小相差较大。

由于树脂粒径主要影响离子交换剂中能与样品组分进行作用的有效表面积，因此对吸附量会有明显的影响。粒径越小，则比表面积越大，交换速率越快，吸附量越高，有利于离子交换。小粒径的耐压能力优于大颗粒，但粒径太细会使得床层阻力增加，若树脂粒径差异过大，水洗过程中容易造成局部大、小颗粒混杂而导致偏流。因此，为了排除粒径对实验的影响，实验前用标准检验筛（28～20 目）对树脂进行筛选，即各树脂的粒径范围均为 600～830μm，后面的实验如无特别说明，均采用该粒径范围内的树脂。

2.3.1.1 初始硼浓度对单位树脂硼吸附量的影响

在离子交换过程中，初始硼浓度会对吸附量有一定的影响。298K 下，将

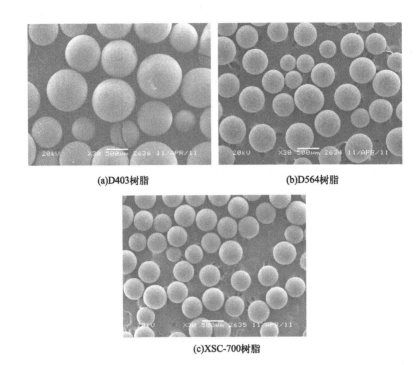

(a)D403树脂　　　　　　　　　　(b)D564树脂

(c)XSC-700树脂

图 2-1　D403、D564、XSC-700 树脂的 SEM 照片

10mL 不同类型的树脂置于 100mL 不同初始硼浓度，pH 值为 5 的硼酸溶液中搅拌吸附 1h，控制搅拌速率为 200r/min，各树脂初始硼浓度对单位树脂硼吸附量的影响如图 2-2 所示。

从图 2-2 可知，三种树脂的吸附量受初始硼浓度的影响较大。随着原液中初始硼浓度的增加，单位树脂硼吸附量逐渐增大，当初始硼浓度为 3000mg/L 时，D403、D564 和 XSC-700 树脂的单位树脂硼吸附量均已达到最大，分别为 5.05mg/(mL 树脂)、5.21mg/(mL 树脂)、5.28mg/(mL 树脂)，这有可能是由于在初始硼浓度较小时，溶液里的硼不够树脂吸附，同时增大初始硼浓度，在一定程度上可以增大硼酸根离子在整个反应过程中的活度，即硼酸根离子与树脂可交换离子的碰撞概率增大，其在树脂表面的吸附优势增强[46,85]。之后增加初始硼浓度，单位树脂硼吸附量基本保持不变，这是因为树脂吸附已经基本达到平衡。

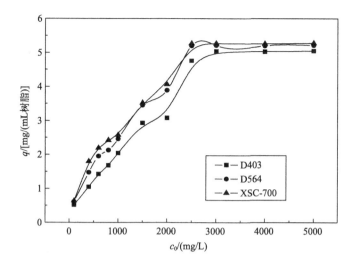

图 2-2　各树脂初始硼浓度对单位树脂硼吸附量的影响

2.3.1.2　温度对单位树脂硼吸附量的影响

将 10mL D403、D564、XSC-700 树脂置于 100mL pH 值为 5、初始硼浓度为 3000mg/L 的硼酸溶液中，不同温度下静态搅拌吸附 1h，控制搅拌速率为 200r/min，实验结果如图 2-3 所示。

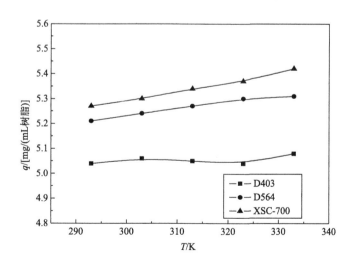

图 2-3　温度对单位树脂硼吸附量的影响

由图 2-3 可知,随着温度的升高,三种树脂的单位树脂硼吸附量均有所增加,温度升高均有利于树脂对硼的吸附。这是因为温度主要影响离子的活度,在温度较低的时候,树脂内部或表面的活性位置没有得到充分的活化,当温度逐渐升高后,树脂上对硼吸附的功能基团活性增大,对硼的吸附量也就增加,同时也加快了离子的运动速度。与此同时,温度也影响溶液中各种物质的传递,可以减少树脂颗粒外水膜的厚度。当温度升高后,溶液的传质得到改善,有利于交换反应的进行,一定时间内树脂对硼的吸附量增加,该结论与文献[86,87]一致。

溶液温度为 293~333K,D403、D564、XSC-700 树脂的单位树脂硼吸附量分别为 5.04~5.08mg/(mL 树脂)、5.21~5.31mg/(mL 树脂)、5.27~5.42mg/(mL 树脂),从单位树脂硼吸附量上来看,温度对吸附有一定的影响,升高温度对提高树脂的吸附量是有利的,但影响相对较小,在常温下各树脂的吸附能力基本能够达到饱和。同时,从使用寿命上来考虑,水温超过允许温度时,树脂长时间在高温下强烈搅拌,树脂交换基团可能会遭到破坏,从而降低树脂的交换能力,影响树脂的使用寿命,即高温对树脂的使用寿命不利。在工业生产中,升高温度需要升温设备及恒温设备,这就对离子交换设备提出了更高的要求,同时增加了成本及能耗。因此,综合考虑操作条件、硼提取率及成本消耗,吸附过程不宜采用高温操作,选择常温为吸附的温度即可。

2.3.1.3 溶液 pH 对单位树脂硼吸附量的影响

pH 影响离子在溶液中的存在形式,对树脂吸附的影响很大,同时 pH 也会影响树脂功能基的作用。因此针对不同的体系,不同的树脂都有一个较佳的吸附 pH。取 100mL 初始硼浓度为 3000g/mL 的硼酸溶液,分别加入 10mL D403、D564 和 XSC-700 树脂,调节不同 pH,298K 下恒温搅拌吸附 1h 后,过滤,测定滤液中的硼含量,结果如图 2-4 所示。

由图 2-4 可以看出,溶液 pH 对三种树脂吸附硼的影响都较为显著,在 pH 较低时其硼的吸附量均较小;随着 pH 的升高,吸附能力逐渐增强,单位树脂硼吸附量增大,说明 pH 增大,有利于硼的吸附,但 pH 增加到一定程度,单位树脂硼吸附量保持不变。D403、D564、XSC-700 三种树脂在 pH 值

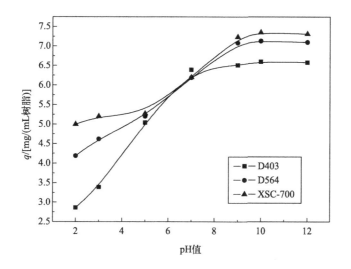

图 2-4 pH 值对单位树脂硼吸附量的影响

为 10 左右时对硼有较好的吸附量,分别为 6.60mg/(mL 树脂)、7.10mg/(mL 树脂)、7.31mg/(mL 树脂)。

2.3.1.4 时间对单位树脂硼吸附量的影响

298K 下,将 10mL D403、D564、XSC-700 树脂分别加入 100mL 初始硼浓度为 3000mg/L 的溶液中,将 pH 值均调至 10,控制搅拌速率为 200r/min,改变吸附时间,实验结果如图 2-5 所示。

由图 2-5 可知,当反应时间为 0~10min 时,随着反应时间的增加,三种树脂的单位树脂硼吸附量都快速增加;当反应时间为 10~25min 时,单位树脂硼吸附量的增速降低;当反应时间达到 30min 时,单位树脂硼吸附量基本维持不变,即经过 30min 的吸附,三种树脂硼吸附量均基本达到平衡。

2.3.1.5 搅拌速率对单位树脂硼吸附量的影响

将 10mL 树脂放置在 100mL pH=10、初始硼浓度为 3000mg/L 的硼酸溶液中,温度为 298K,反应时间为 1h,不同搅拌速率下的实验结果如图 2-6 所示。

由图 2-6 可看出,在选定的实验条件下,吸附量基本上不受搅拌速率的影

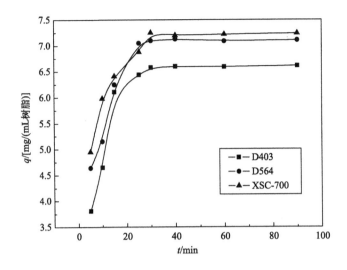

图 2-5　时间对单位树脂硼吸附量的影响

响。这可能是由于所研究的搅拌速率范围还不够大或树脂的粒径太大，掩盖了硼酸根离子经液膜扩散到树脂表面上的传质阻力。从能耗和防止树脂在高速搅拌下可能破损的角度考虑，转速不宜过快，搅拌速率选择 100r/min 即可。

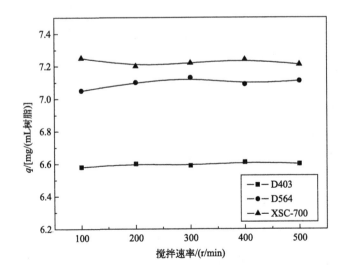

图 2-6　搅拌速率对单位树脂硼吸附量的影响

2.3.1.6　树脂用量对硼吸附率的影响

298K 下，将 D403、D564、XSC-700 树脂分别加入 100mL pH＝10、初始硼浓度为 3000mg/L 的硼酸溶液中，搅拌吸附 30min，搅拌速率控制为 100r/min，改变树脂用量，其对硼吸附率的影响如图 2-7 所示。

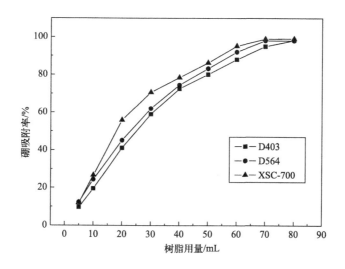

图 2-7　树脂用量对硼吸附率的影响

由图 2-7 可知，随着各树脂用量的增加，硼吸附率均增加。这是由于卤水体积一定，溶液中硼含量一定，树脂用量增多，树脂上所带的功能基增多，因此树脂对硼的吸附率增加。树脂用量为 5mL 时，D403、D564、XSC-700 树脂对硼的吸附率分别为 9.71％、12.28％、12.10％，三种树脂对硼的吸附率相近且均较低；随着树脂用量增加到 30mL 时，D403、D564、XSC-700 树脂对硼的吸附率分别为 58.97％、62.03％、70.58％，三种树脂在这个过程中对硼的吸附率增加较快；当树脂用量从 30mL 增加到 40mL 时，D403、D564、XSC-700 树脂对硼的吸附率分别增加到 72.51％、74.48％、78.41％，硼吸附率增速减慢；继续增大树脂用量，当树脂用量增加到 70mL 时，D403、D564、XSC-700 树脂对硼的吸附率分别为 94.9％、98％、98.9％，三种树脂对硼酸溶液的吸附率可达95%左右。

2.3.2 模拟卤水溶液中各种离子交换树脂对硼的静态吸附研究

上述研究结果虽然表明这几种树脂在单一的硼溶液中对硼具有较好的吸附性能，但当溶液中同时存在其他离子的时候，其他离子的存在会不会与需要吸附的离子发生竞争吸附，从而对吸附产生干扰，影响到离子的吸附？树脂还能否对硼具有选择性？本实验主要研究在含多种金属离子的硼溶液中树脂对硼的吸附效果，深入研究多种离子共存状态下树脂对硼吸附的影响[88]。

卤水原液中主要含有大量的 Mg^{2+}、K^+、Na^+、Li^+ 等多种金属离子，是影响树脂提硼的主要组分。采用静态吸附的方法，考察模拟卤水溶液，即 $MgCl_2$-KCl-NaCl-$LiCl_2$-$B(OH)_3$ 溶液中树脂对硼的吸附性能以及不同离子存在下的分配系数和分离因数。

298K 下，将 10mL 树脂置于 100mL $MgCl_2$-KCl-NaCl-$LiCl_2$-$B(OH)_3$ 溶液中，控制搅拌速率为 100r/min，搅拌吸附 1h 后，静置 5min，取上清液，测定溶液中各种离子的含量，模拟溶液中各主要金属离子对 D403、D564、XSC-700 树脂硼吸附量的影响分别见表 2-3～表 2-5。

由表 2-3～表 2-5 可知，D403、D564、XSC-700 三种树脂对 Mg^{2+}、K^+、Na^+、Li^+ 也有一定的吸附作用，但吸附较少。在模拟溶液中，D403、D564、XSC-700 树脂的单位树脂硼吸附量分别为 4.5mg/(mL 树脂)、5.8mg/(mL 树脂)、6.5mg/(mL 树脂)，而对比在纯硼溶液中，D403、D564、XSC-700 树脂的单位树脂硼吸附量分别为 6.6mg/(mL 树脂)、7.1mg/(mL 树脂)、7.31mg/(mL 树脂)，表明 Mg^{2+}、K^+、Na^+、Li^+ 的存在对各树脂的单位树脂硼吸附量均有一定影响。

表 2-3　D403 树脂对模拟溶液中主要金属离子的单位树脂吸附量

项目	组分				
	B	Mg^{2+}	K^+	Na^+	Li^+
各离子的起始浓度 c_0/(mg/L)	3000	500	500	500	500

续表

项目	组分				
	B	Mg^{2+}	K^+	Na^+	Li^+
各离子的平衡浓度 c_e/(mg/L)	2550	415.4	477.5	484.1	481.8
吸附在树脂上各离子的浓度/(mg/L)	450	84.5	22.5	15.9	18.2
单位树脂吸附量/[mg/(mL 树脂)]	4.5	0.85	0.26	0.16	0.18

表 2-4　D564 树脂对模拟溶液中主要金属离子的单位树脂吸附量

项目	组分				
	B	Mg^{2+}	K^+	Na^+	Li^+
各离子的起始浓度 c_0/(mg/L)	3000	500	500	500	500
各离子的平衡浓度 c_e/(mg/L)	2420	422.8	484.2	474.2	485.4
吸附在树脂上各离子的浓度/(mg/L)	580	77.2	15.8	25.8	14.6
单位树脂吸附量/[mg/(mL 树脂)]	5.8	0.77	0.16	0.26	0.15

表 2-5　XSC-700 树脂对模拟溶液中主要金属离子的单位树脂吸附量

项目	组分				
	B	Mg^{2+}	K^+	Na^+	Li^+
各离子的起始浓度 c_0/(mg/L)	3000	500	500	500	500
各离子的平衡浓度 c_e/(mg/L)	2350	411.4	485.3	481.1	489.1
吸附在树脂上各离子的浓度/(mg/L)	650	88.6	14.7	18.9	10.9
单位树脂吸附量/[mg/(mL 树脂)]	6.5	0.89	0.15	0.19	0.11

2.3.3　树脂的水洗实验研究

树脂吸附完后，由于树脂粒度很小，树脂间存在很多间隙，因此树脂表面会残留一些模拟液，吸附完如果不对树脂进行水洗，残留的模拟液会进入解吸液中，从而导致解吸液纯度降低。因此在此研究了树脂吸附后的水洗，用 100mL 的去离子水对吸附后的各组树脂进行搅拌水洗，水洗 10min，搅拌速率为 100r/min，温度为 298K，实验结果见表 2-6。

表 2-6   负载 D403、D564、XSC-700 树脂水洗时水洗液中各离子的浓度

单位：mg/L

树脂类型	B	Mg^{2+}	K^+	Na^+	Li^+
D403	12.2	82.8	22.1	15.4	18.1
D564	13.3	74.9	15.5	25.1	12.7
XSC-700	20.2	88.8	14.2	18.1	10.5

由表 2-6 可知，水洗液中的 Mg^{2+}、K^+、Na^+、Li^+ 等离子的浓度与表 2-3～表 2-5 中吸附在树脂上各种离子的浓度非常接近，这说明树脂与这些离子之间的作用基本都是树脂表面的物理吸附所致，即为非离子交换吸入形式，是附着在树脂表面及孔道内的，因此用去离子水淋洗时很容易把各种离子洗下来。而水洗液中的硼浓度较低，与吸附在树脂上的硼浓度相差较大，说明树脂对硼的吸附力很强，这是由于树脂功能基与硼酸根离子反应形成结合紧密的化学键，因此用去离子水很难将硼洗下来，水洗液中的硼有可能只是通过表面吸附黏附在树脂上的，因此在后续离子交换分离、富集卤水中的硼时，吸附后需进行水洗，以便减少其他金属离子进入解吸液中影响硼酸的纯度。这也说明了 D403、D564、XSC-700 树脂对硼均具有较好的选择吸附性，但三种树脂比较而言，XSC-700 树脂对硼的选择吸附性最好，同时表明该树脂适合从含多种离子的复杂体系中分离、富集硼，具有很高的实用价值。

2.3.4   静态解吸实验研究

分别选用 0.5mol/L 盐酸以及 0.5mol/L 硫酸为解吸液，对经过吸附、水洗后的各组树脂进行解吸硼的研究，解吸液用量为 50mL，每次解吸时间为 30min，搅拌速率为 100r/min，温度为 298K，实验结果见表 2-7。

表 2-7   D403、D564、XSC-700 树脂在不同解吸液中的解吸率   单位：%

解吸液	D403	D564	XSC-700
HCl	98.2	97.6	99.1
H_2SO_4	98.5	98.3	98.0

由表 2-7 可以看出，盐酸和硫酸溶液对硼的解吸率均大于 95%，盐酸和硫

酸溶液都可以用于解吸硼，在酸性溶液中，$B(OH)_4^-$ 将会转化成不被树脂吸附的 $B(OH)_3$，因此酸溶液能将硼从树脂上解吸下来。

2.3.5 树脂的稳定性能

2.3.5.1 机械稳定性能

树脂在使用的过程中，树脂与器壁及树脂颗粒间不断摩擦，高流速下流体的压力，都可能会使树脂颗粒发生破碎。树脂破碎后，在操作过程中容易损失，造成对溶液的处理能力下降，对树脂的使用寿命有很大影响，因此，离子交换树脂的机械稳定性能是树脂的重要物理性能指标。采取水渗透后滚磨的方法，即量取若干份树脂（每份 10mL），采用瓷球滚磨对树脂施加压力和摩擦对树脂进行处理 3min，对树脂进行处理后，计算磨后圆球率，实验结果如表 2-8 所示。

表 2-8 树脂机械稳定性能实验结果

树脂类型	圆球率/%
D403	94.7
D564	96.2
XSC-700	98.2

由表 2-8 可以看出，D403、D564、XSC-700 树脂的圆球率分别为 94.7%、96.2%、98.2%，与 D403、D564 树脂相比，XSC-700 树脂经水渗透滚磨后，树脂的圆球率相对较高，说明该树脂在滚磨过程中不易产生破碎，即其机械稳定性能最佳。

2.3.5.2 化学稳定性能

离子交换树脂的化学稳定性是以树脂耐受酸、碱、盐等化学试剂作用的能力来衡量的。由于盐湖卤水化学成分复杂，含盐量高，且树脂在解吸转型过程中要经过酸碱处理，所以树脂的化学稳定性要好，不易被腐蚀；如果树脂承受酸碱的能力有限，树脂在酸碱的条件下会分解而导致单位树脂吸附量降低。试验同时考察了各树脂在 0.5mol/L 盐酸和 0.5mol/L 氢氧化钠两种介质中的耐酸碱性能，并以硼酸溶液为吸附溶液，测定酸碱处理后树脂的吸附量以考察各树脂的化学稳定性能，实验结果如表2-9所示。

表2-9　树脂在不同化学介质中的吸附量保有率　　　　　单位:%

化学介质	D403	D564	XSC-700
0.5mol/L 盐酸	96.1	97.2	99.8
0.5mol/L 氢氧化钠	96.3	97.3	99.7

从表2-9可以看出，D403、D564、XSC-700树脂在0.5mol/L盐酸中的吸附量保有率分别为96.1%、97.2%、99.8%，在0.5mol/L氢氧化钠中的吸附量保有率分别为96.3%、97.3%、99.7%，与D403、D564树脂相比，XSC-700树脂无论经过酸性还是碱性处理后，其对硼的单位树脂吸附量基本没有发生变化，表明该树脂具有较强的耐酸碱能力。

2.3.5.3　热稳定性能

离子交换树脂的耐热性表示树脂能承受多高温度而不发生分解的能力。各种树脂的热稳定性能都有一个限度，超过这些限度就会发生较严重的热分解，单位树脂吸附量就会降低。通过对耐热性能的研究，可以确定树脂长期使用的允许温度。将树脂放于烘箱内，分别在293K、353K、373K、393K、413K、433K下恒温加热10h，烘干后的树脂，以硼酸溶液为吸附溶液，测得不同温度下各树脂对硼的吸附量以考察各树脂的热稳定性能，实验结果见表2-10。

表2-10　树脂在不同温度下的吸附量保有率　　　　　单位:%

温度/K	D403	D564	XSC-700
293	100	100	100
353	99.9	100	100
373	99.7	98.3	99.5
393	98.6	96.4	97.2
413	95.1	94.7	96.1
433	90.6	92.1	95.2

由表2-10可以看出，温度从293K升高到433K时，D403树脂的吸附量

保有率分别从 100％降低到 90.6％，D564 树脂的吸附量保有率分别从 100％降低到 92.1％，XSC-700 树脂的吸附量保有率分别从 100％降低到 95.2％。与 D403、D564 树脂相比，XSC-700 树脂的耐热性能最好，373K 以内单位树脂吸附量基本保持不变。

因此，综合考虑树脂的吸附性、选择性、解吸性以及稳定性能，XSC-700 树脂具有最佳的性能，最终选择 XSC-700 树脂应用于盐湖卤水的硼分离中。

2.3.6　树脂的 SEM 分析

将 D403、D564、XSC-700 树脂用真空喷金处理后，用扫描电镜观察各树脂的表面形貌，结果如图 2-8 所示，（a）～（c）分别为 D403、D564、XSC-700 树脂放大 3000 倍的 SEM 照片。

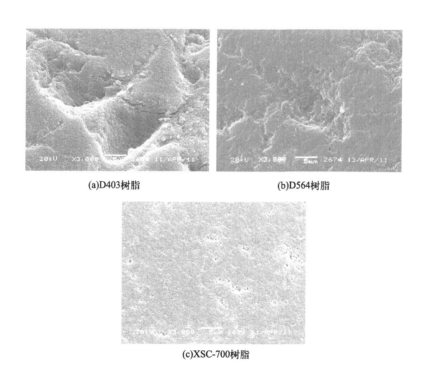

(a)D403树脂　　　　　　　　　　　(b)D564树脂

(c)XSC-700树脂

图 2-8　D403、D564、XSC-700 树脂的 SEM 照片

由图 2-8 可以看出，D403 树脂表面相对粗糙、疏松且多孔；XSC-700 树脂表面较为光滑，结构相对致密；D564 树脂表面光滑度居于 D403 与 XSC-700 树脂之间。因此 XSC-700 树脂相比于 D403、D564 树脂，更加有利于树脂保持足够的强度，且更加不易于被酸碱腐蚀，这与对树脂稳定性的测定结果一致。

2.4 本章小结

① 随着溶液中初始硼浓度、溶液温度、pH、反应时间的增加，D403、D564、XSC-700 树脂的单位树脂硼吸附量逐渐增大，即增大溶液初始硼浓度、升高温度、增加 pH、延长反应时间均有利于树脂对硼的吸附；搅拌速率几乎不对三种树脂的吸附有影响；随着各树脂用量的增加，硼吸附率均增加。三种树脂比较而言，XSC-700 树脂在适宜的条件下比 D403、D564 树脂对溶液中的硼的吸附能力强。

② 其他实验条件相同时，在含有 Mg^{2+}、K^+、Na^+、Li^+ 等其他金属离子的模拟卤水溶液中，D403、D564、XSC-700 树脂的单位树脂吸附量分别下降为 4.5mg/(mL 树脂)、5.8mg/(mL 树脂)、6.5mg/(mL 树脂)，三种树脂比较而言，其他金属离子对 XSC-700 树脂吸附硼的效果影响较小。

③ 去离子水很难将吸附在树脂上的硼水洗下来，而很容易将吸附在树脂上的 Mg^{2+}、K^+、Na^+、Li^+ 等离子洗下来，说明 D403、D564、XSC-700 三种树脂对硼的选择吸附性较好，三种树脂比较而言，XSC-700 树脂的选择性最佳。

④ 酸溶液有利于解吸反应的进行，在适宜的条件下，盐酸和硫酸溶液对硼的解吸率在 95% 左右。

⑤ 与 D403、D564 树脂相比，XSC-700 树脂具有较好的机械、化学和热稳定性。对三种树脂的 SEM 分析结果也表明 XSC-700 树脂具有更好的稳定性。

第 3 章

XSC-700 树脂对
卤水中硼的静态吸附

3.1 引言

本章深入研究第 2 章筛选出的性能较佳的 XSC-700 树脂在盐湖卤水体系中对硼静态吸附、解吸及转型条件等，获取适宜的工艺参数。

3.2 实验部分

3.2.1 实验原料、药品及设备

实验原料采用的是来自新疆罗布泊的盐湖老卤卤水，由于卤水成分比较复杂，运输过来的每批卤水成分都有所变化，表 3-1 和表 3-2 为其中某一批卤水的主要成分及物理性质。

表 3-1　298K 下卤水的主要成分质量浓度　　　　单位：mg/L

成分	B	Mg	Na	K	Li
质量浓度/(mg/L)	680	120700	1653	679.2	283.9

表 3-2　298K 下卤水的 pH 值、密度、黏度

密度 ρ/(g/cm³)	pH 值	黏度 μ/(mPa·s)
1.3585	5.06	22.1

实验所采用的树脂为第 2 章筛选出的较佳树脂，即郑州西电电力树脂厂生产的 XSC-700，该树脂的基本结构如图 3-1 所示。

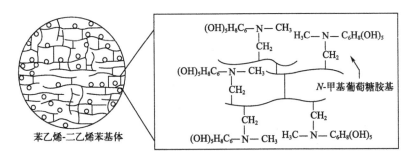

图 3-1　XSC-700 树脂的基本结构

实验所需主要药品见 2.2.2 小节。

实验所用的仪器设备为：红外光谱仪（PE-2000，美国 PE 公司），旋转式黏度计（NDJ-1，上海舜宇恒平科学仪器有限公司），其余见 2.2.3 小节。

3.2.2　实验工艺流程

实验工艺流程如图 3-2 所示。

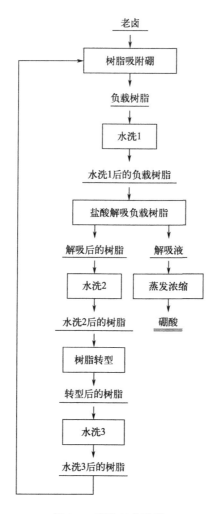

图 3-2　实验工艺流程

3.2.3 实验方法

3.2.3.1 卤水的预处理

天然的盐湖卤水成分复杂，含有一定量的悬浮物、泥沙等，悬浮物会堵塞树脂孔隙，影响离子交换树脂的吸附效果，使得交换能力下降，甚至终止吸附。因此在实验前，需对卤水进行预处理，先将卤水静置一段时间，去除上层的悬浮物，再对卤水进行过滤除去其他不溶杂质，以减少其对树脂造成污染，提高硼回收率。

3.2.3.2 树脂对卤水中硼的吸附

取一系列的聚四氟乙烯烧杯，在每个烧杯中分别加入同体积、同浓度的卤水溶液（组成见表 3-1），用 pHS-25 数显 pH 计测定实验的 pH；将烧杯放于恒温水浴锅中，待升到所需温度时，准确量取一定体积经预处理后离心甩干的 XSC-700 树脂若干份，分别加入烧杯中进行交换，启动电子恒速搅拌器保持实验所需转速，以一定的时间间隔取样，用 ICP-OES 检测吸附前后溶液中主要离子含量，根据式（2-1）计算树脂对硼的吸附量。

离子交换树脂的选择性是实现元素分离富集的根本原因，它与树脂、所交换的离子、溶液的组成等因素有关。

分配系数 K_d 指一定温度下，组分在固定相中的浓度和在流动相中的浓度之比，它的大小表征交换离子在两相中的迁移能力及分离效能。

$$K_d = \frac{q}{c_e} \tag{3-1}$$

式中，K_d 为各种离子的分配系数；q 为树脂相中各种离子的单位树脂吸附量，mg/（mL 树脂）；c_e 为吸附平衡时液相中各金属离子的浓度，mg/L。

显然 K_d 是与交换体的单位树脂吸附量 q 有关的参数，单位树脂吸附量 q 越大，则 K_d 也越大。

分离系数 λ_{Me}^B 表示在某一单元分离操作或某一分离流程中两种物质分离的程度，它的大小反映出两组分分离的难易程度。

$$\lambda_{\text{Me}}^{\text{B}} = \frac{K_{\text{d(B)}}}{K_{\text{d(Me)}}} \tag{3-2}$$

式中，$\lambda_{\text{Me}}^{\text{B}}$ 为硼离子与各金属离子的分离系数；$K_{\text{d(B)}}$ 和 $K_{\text{d(Me)}}$ 分别为硼离子与各金属离子的分配系数。

对硼离子的吸附量越大，对各金属离子吸附量越小，则 $\lambda_{\text{Me}}^{\text{B}}$ 越大。

3.2.3.3　吸附后的水洗（水洗 1）

吸附硼反应完成后，真空抽滤分离出树脂，加入不同体积的去离子水来水洗负载树脂，以洗去其表面夹带的卤水，采用式（3-3）计算各种离子的水洗率。

$$\eta = \frac{c_{\text{水}} V_{\text{水}}}{q_t v} \times 100\% \tag{3-3}$$

式中，η 为水洗率，%；$c_{\text{水}}$ 为水洗液中各种离子的浓度，mg/L；$V_{\text{水}}$ 为水洗液的体积，L；q_t 为 t 时刻树脂对各离子的吸附量，mg/(mL 树脂)；v 为树脂的体积，mL。

3.2.3.4　树脂的解吸

负载树脂经水洗后，在水浴温度下，加入一定量的解吸液搅拌，每次解吸后都对树脂进行真空抽滤，实现固液分离，并记录每次解吸液的体积及解析时间，分析解吸液中主要离子的含量，解吸率根据式（2-3）计算。

3.2.3.5　解吸后的水洗（水洗 2）

解吸完后的离子交换树脂，加入去离子水洗涤负载树脂，洗涤 5min，洗涤在解吸反应过程中夹带在树脂相中的解吸液，水洗后对树脂进行真空抽滤，实现固液分离，记录洗水体积，分析洗水中的 pH。

3.2.3.6　树脂的转型

在水浴温度下，加入一定量的转型液搅拌转型树脂，每次转型后对树脂进行真空抽滤，实现固液分离，并记录每次转型液的体积及转型时间，转型完毕经水洗后再将树脂放入卤水中进行吸附，吸附后进行水洗，计算树脂在水洗 1

过程中硼的水洗率。

3.2.3.7 转型后的水洗（水洗3）

转型完后的离子交换树脂，加入去离子水洗涤树脂，洗涤时间为 5min，洗涤在转型反应过程中夹带在树脂相中的碱液，水洗后对树脂进行真空抽滤，实现固液分离，记录洗水体积，分析洗水中的 pH。

3.2.3.8 样品分析检测方法

用红外光谱观察吸附前后树脂结构的变化，其余见 2.2.3.4 小节。

3.3 结果与讨论

3.3.1 树脂吸附性能的研究

3.3.1.1 温度对单位树脂硼吸附量的影响

将 5mL 树脂放置于 100mL 初始硼浓度为 680mg/L 卤水中恒温搅拌吸附 8h，搅拌速率为 200r/min，改变温度，硼吸附量随着温度的变化实验结果如图 3-3 所示。

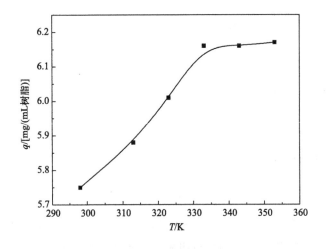

图 3-3 温度对硼吸附量的影响

　　根据上述实验，取 298K、313K、333K，作不同温度下硼吸附量随时间的变化曲线，如图 3-4 所示。

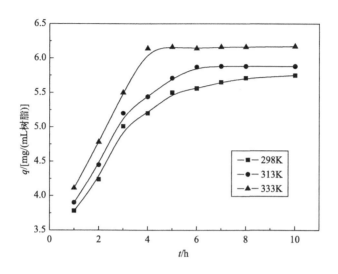

图 3-4　不同温度下硼吸附量随时间的变化曲线

　　由图 3-3 可以看出，随着卤水温度的升高，树脂对硼的吸附量呈上升趋势。当卤水温度达到 333K 时，随着卤水温度的升高，XSC-700 树脂对硼的吸附量基本保持不变。卤水温度为 298～353K 时，XSC-700 树脂的单位树脂硼吸附量为 5.75～6.17mg/（mL 树脂），即提高实验温度对于吸附硼是有利的，但影响相对较小。

　　由图 3-4 可以看出，随着吸附反应时间的延长，树脂对硼的吸附量也相应地提高，当反应时间超过一定时，单位树脂硼吸附量基本保持不变，表明硼的吸附反应达到平衡，再延长反应时间对于提高硼吸附率的效应非常微小，因此，继续延长反应时间对于提高硼吸附率意义不大，其结果与文献［89～91］一致。同时可以看出，在温度为 298K、313K、333K 时，硼吸附反应达到平衡的时间分别为 8h、6h、4h，即随着温度的升高，硼吸附反应达到平衡的时间缩短。这是由于温度升高，卤水的黏度会降低，加快了离子的扩散，使得离子交换速度加快，提高了吸附效率，也有利于单位树脂吸附量的提高。此外，温度升高有利于树脂的溶胀，使得离子更加容易扩散到树脂内部，提高树脂功能基的利用率。树脂在卤水中的吸附平衡时间大都在 4h 以上，而树脂在模拟卤水溶液中的吸附平衡时间只需要 0.5～1h。这主要是因为卤水是复杂体系，除硼以外还含有大量其他的离子，含盐量较高，黏度和密度较大，这些特点决定了树脂吸附硼的过程中，传质阻力较大，硼离子的扩散较慢，进而降低离子交换速度，因而所需的平衡时间也较长。

3.3.1.2 初始硼浓度对单位树脂硼吸附量的影响

在考察卤水中初始硼浓度对单位树脂硼吸附量的影响时，为了使得卤水的初始硼浓度有所增加，在此采用蒸发浓缩的方法使得硼富集起来。

用量筒量取老卤 400mL 并称重，分别按照老卤质量的 5%、7.5%、10%、12.5%、15%、17.5%、20% 进行蒸发浓缩，冷却后出现大量针状结晶，抽滤后分离出滤液，量取溶液的体积，并测试溶液中锂、硼离子的浓度，根据式（3-4）计算锂、硼的损失率。

$$\varepsilon = 1 - \frac{c_z V_z}{c_0 V_0} \times 100\% \tag{3-4}$$

式中，ε 为损失率，%；c_z 为蒸发浓缩后锂、硼离子的浓度，mg/L；V_z 为蒸发浓缩后溶液的体积，L；c_0 为蒸发浓缩前锂、硼离子的浓度，mg/L；V_0 是蒸发浓缩前溶液的体积，L。

蒸发浓缩对硼、锂损失率的影响见表 3-3。

表 3-3　蒸发浓缩对硼、锂损失率的影响

实验号	蒸发比 /%	滤液质量 /g	滤液体积 /mL	锂浓度 /（mg/L）	锂损失率 /%	硼浓度 /（mg/L）	硼损失率 /%
0	0	592.4	400	243.9	—	680	—
1	5	445.7	326	301.5	2.6	864	0.29
2	7.5	396.3	290	319.5	3.3	889	3.6
3	10	330	243	372.5	4.9	988	9.6
4	12.5	262.2	193	453.5	10.3	1112	14.0
5	15	191.9	140	558.2	18.8	1368	18.1

续表

实验号	蒸发比 /%	滤液质量 /g	滤液体积 /mL	锂浓度 / (mg/L)	锂损失率 /%	硼浓度 / (mg/L)	硼损失率 /%
6	17.5	146.3	108	712.5	21.1	1725	23.6
7	20	109.3	82	877.5	26.2	1992	32.9

由表 3-3 可知，随着蒸发比（蒸发掉的老卤与原老卤的质量之比）的增加，滤液体积急剧减小，硼、锂浓度不断升高。在蒸发到 5% 的过程中，虽然硼损失非常小，只有 0.29%，但是锂损失了 2.6%。当蒸发超过 10% 时，硼和锂的损失迅速加大，这是由于卤水中 Mg 的含量很高，几乎达到了饱和状态。蒸发超过 10% 时，会析出大量的氯化镁晶体，氯化镁晶体在抽滤分离时会大量地夹带走硼、锂等，而卤水中的锂需要综合回收，若损失量大，会影响卤水的资源综合利用，同时蒸发浓缩过程中需要耗费大量的能量。因此，在此没有采取蒸发浓缩的方法提高初始硼浓度。

为保持黏度基本不变，将预处理过的卤水与已吸附掉部分硼的卤水按不同的比例进行调整，得到初始硼浓度不同的溶液。于 100mL 不同初始硼浓度的卤水中加入 5mL 树脂，333K 下搅拌反应 8h 至平衡，搅拌速率为 200r/min，测定吸附后溶液中硼的浓度，初始硼浓度对单位树脂硼吸附量的影响如图 3-5 所示。

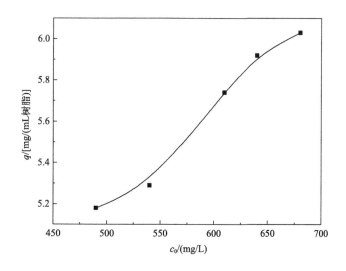

图 3-5　初始硼浓度对单位树脂硼吸附量的影响

根据上述实验，取初始硼浓度分别为 490mg/L、610mg/L、680mg/L 的卤水，不同初始硼浓度下单位树脂硼吸附量随时间的变化曲线如图 3-6 所示。

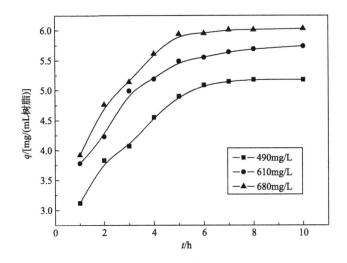

图 3-6　不同初始硼浓度下单位树脂硼吸附量随时间的变化曲线

从图 3-5 和图 3-6 可以看出，随着卤水中初始硼浓度的增加，单位树脂硼吸附量逐渐增大，初始硼浓度为 490～680mg/L 时，单位树脂硼吸附量为 5.18～6.03mg/（mL 树脂）。同时可以看出，在初始硼浓度为 490mg/L、610mg/L、680mg/L 时，硼吸附反应达到平衡的时间相差不大，基本 6h 都能够达到平衡。因此，提高溶液硼浓度有利于硼的吸附，但对单位树脂硼吸附量达到平衡的时间影响不大。

3.3.1.3 黏度对单位树脂硼吸附量的影响

通过添加不同量的去离子水来稀释以配置不同黏度的卤水，但是需保证卤水初始硼浓度相同，此时通过添加硼酸来调节，稀释率的计算如式（3-5）所示。

$$\varphi = \frac{V_1}{V_1 + V_2} \times 100\% \qquad (3-5)$$

式中，φ 为稀释率，%；V_1 为加入去离子水的体积，mL；V_2 为卤水的体积，mL。

在烧杯中加入 5mL 树脂和 100mL 不同稀释率（即不同黏度）的卤水置于 333K 水浴中，控制初始硼浓度为 680mg/L，搅拌速率为 200r/min，搅拌反应 8h 后取上清液分析硼浓度，卤水稀释率对黏度的影响见表 3-4，卤水黏度对单位树脂硼吸附量的影响如图 3-7 所示。

表 3-4　卤水稀释率对黏度的影响

φ/%	0	10	20	30	40	50	60
黏度/（mPa·s）	22.1	17.3	11.7	7.5	5.5	4.3	3.1

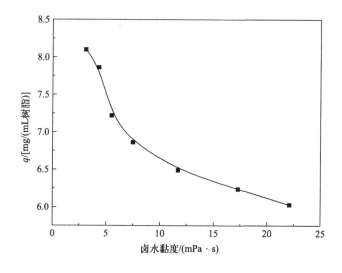

图 3-7　卤水黏度对单位树脂硼吸附量的影响

由图 3-7 可以看出，黏度越大，单位树脂硼吸附量越低；黏度越小，单位树脂硼吸附量越大。这是由于黏度大，硼的扩散阻力较大，导致吸附量下降；同时黏度大，其他离子成分较高也会影响树脂对硼的吸附。当黏度从 22.1mPa·s 降到 3.1mPa·s 时，单位树脂硼吸附量从 6.03mg/（mL 树脂）增加到 8.1mg/（mL 树脂）。

由表 3-4 可知，黏度 3.1mPa·s 对应的卤水的稀释率为 60%，即 40mL

的卤水需加入 60mL 的水。而在盐湖地区，淡水非常珍贵，且减小黏度所提高的单位树脂吸附率也不是特别大。因此在实际应用当中，减小黏度需消耗大量的水，故不必采取降低黏度的方法来提高树脂对硼的吸附量。

3.3.1.4 树脂/卤水体积比对硼吸附率及单位树脂硼吸附量的影响

于 100mL 初始硼浓度为 680mg/L 的卤水中加入不同的树脂用量，333K 下搅拌反应 8h 至平衡，搅拌速率为 200r/min，树脂用量对单位树脂硼吸附量的影响如图 3-8 所示。

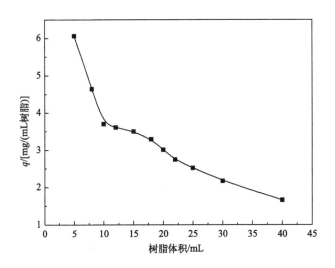

图 3-8　树脂用量对单位树脂硼吸附量的影响

根据上述实验，取树脂/卤水体积比分别为 5/100、10/100、15/100，不同树脂/卤水体积比下单位树脂硼吸附量随时间的变化曲线如图 3-9 所示。

分析树脂用量与硼吸附率关系，以便在保证吸附量的同时尽量减少树脂的消耗量，降低成本，卤水量一定时，树脂用量与硼吸附率的关系如图 3-10 所示。

从图 3-8 和图 3-9 可以看出，卤水量一定时，随着树脂用量的加大，树脂的单位吸附量呈下降趋势。而从图 3-10 可以看出，卤水量一定时，随着树脂

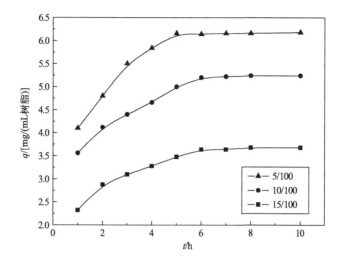

图 3-9　不同树脂/卤水体积比下单位树脂硼吸附量随时间的变化曲线

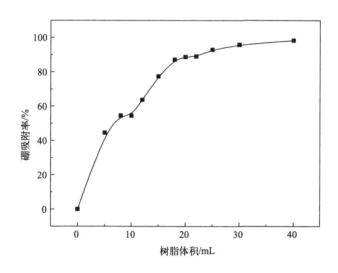

图 3-10　树脂用量与硼吸附率的关系

用量的增大，吸附率逐渐增大。这是由于在树脂用量较少时，树脂的表面积较小，卤水中的硼含量一定，吸附量不够，所以吸附率不高，而单位树脂硼吸附量较大。在树脂用量较多时，卤水中硼的含量一定，随着树脂用量增加，树脂上所带的功能基多，且树脂的表面积会增大，因此吸附率增大，而单位树脂硼吸附量随着树脂用量的增加而降低[92]。以单位树脂硼吸附量为指标，当树脂

49

用量为 5mL 时，单位树脂硼吸附量最高为 6.16mg/（mL 树脂）；而以树脂吸附率为指标，当树脂用量为 25mL 时，硼吸附率可达到 93%，此后再增加树脂用量，吸附率提高幅度较小。当树脂用量继续增加到 40mL 时，吸附率为 98%，仅提高了 5%。

3.3.1.5 搅拌速率对单位树脂硼吸附量的影响

将 5mL 树脂放置于 100mL 初始硼浓度为 680mg/L 的卤水中，温度设为 333K，反应时间 8h，不同搅拌速率对单位树脂吸附量的影响如图 3-11 所示。

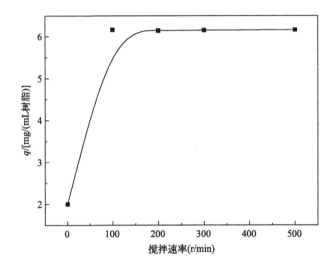

图 3-11　不同搅拌速率对单位树脂硼吸附量的影响

根据上述实验，取搅拌速率分别为 100r/min、300r/min、500r/min，作不同搅拌速率下单位树脂硼吸附量随时间的变化曲线，实验结果如图 3-12 所示。

从图 3-11 和图 3-12 可以看出，在无搅拌的条件下，单位树脂硼吸附量相对较低；在有搅拌的条件下，单位树脂硼吸附量增加。然而随着搅拌速率的增加，树脂的吸附量基本保持不变。这可能是因为卤水的金属离子浓度较高、黏度较大、流动性较差，导致离子的吸附过程很慢，没有搅拌速率时树脂表面的

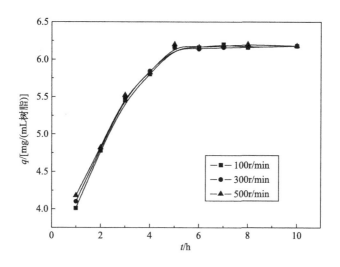

图 3-12　不同搅拌速率下单位树脂硼吸附量随时间的变化曲线

活性点还没有完成与溶液中的硼基团的交换过程，故在卤水中有必要通过搅拌增加卤水的流动性，从而降低覆盖在树脂颗粒表面的产物层和扩散阻力，增强卤水和树脂颗粒间的传质过程。当搅拌速率大于 100r/min 时，单位树脂硼吸附量的变化已经不明显，因此从能耗和防止树脂在高速搅拌下可能破损的角度考虑，转速不宜过快，搅拌速率选择 100r/min 即可。

3.3.1.6　pH 对单位树脂硼吸附量的影响

分别取 100mL 初始硼浓度 680mg/L 的卤水溶液 8 份于 200mL 烧杯中，加入树脂 5mL，温度设为 333K，搅拌速率设为 100r/min，用盐酸或氨水调节不同的 pH，在调节 pH 的过程中，由于卤水体系复杂，并含有大量的 Mg^{2+}，pH 值大于 6 时，卤水中的 Mg^{2+} 会与 OH^- 结合产生 $Mg(OH)_2$ 絮状物而堵塞树脂孔隙，影响树脂的吸附量，同时影响实验的进行。因此，考察 pH 变化对硼离子的影响时应控制一定的 pH 范围，混合溶液经搅拌吸附 8h，静置沉淀，过滤，取滤液用 ICP-OES 测定其中的硼离子浓度，pH 值对单位树脂硼吸附量的影响如图 3-13 所示。

根据上述实验，取 pH 值分别为 3、4、5 和 6，做不同 pH 值下单位树脂硼吸附量随时间的变化曲线，实验结果如图 3-14 所示。

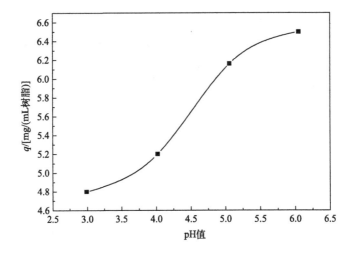

图 3-13　pH 对单位树脂硼吸附量的影响

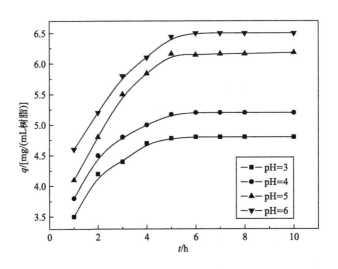

图 3-14　不同 pH 值下单位树脂硼吸附量随时间的变化曲线

从图 3-13 和图 3-14 可以看出，随着 pH 值的升高，单位树脂硼吸附量增大，树脂的吸附能力逐渐增强。这是由于 pH 影响离子在溶液中的存在形态，在不同的 pH 条件下，溶液中硼的存在形式也可能随之改变，硼的存在形式发生改变，树脂对其的吸附结果也会发生改变[93,94]。根据 Ingri 研究结果计算溶液中主要的硼氧配阴离子在不同 pH 值水溶液中的分布，如图 3-15 所示[81,95,96]。

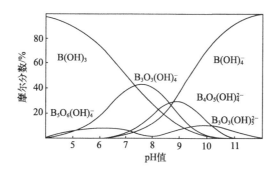

图 3-15　硼氧配阴离子在不同 pH 值水溶液中的分布

由图 3-15 可见，在 pH 较高或较低时，聚硼离子的含量都较少，随着 pH 的升高，$B(OH)_4^-$ 的含量增大，水溶液中硼酸一般以 $B(OH)_3$ 和 $B(OH)_4^-$ 两种形式存在，两者随 pH 变化可以相互转化，硼酸在水中可以水解形成 $B(OH)_4^-$。

$$B(OH)_3 + H_2O \Longrightarrow B(OH)_4^- + H^+ \tag{3-6}$$

由式（3-6）可知，pH 较低时，硼酸不容易水解，$B(OH)_4^-$ 的含量较低，溶液中的硼主要以 $B(OH)_3$ 分子形式吸附在树脂表面上，由于硼酸本身为平面三角形，为 sp^2 杂化，但硼酸与多元醇反应形成的络合物为四面体构型，为 sp^3 杂化，反应过程需要键长、键角发生改变，此时树脂对硼的吸附较少。

由于 $B(OH)_4^-$ 本身即是四面体结构，因此其与 XSC-700 树脂上的官能团发生配位反应时，基本上无键角的改变，故水溶液中的 $B(OH)_4^-$ 比 $B(OH)_3$ 与树脂上的多羟基化合物发生反应要容易得多，$B(OH)_4^-$ 与 XSC-700 树脂上的官能团发生配位反应，形成类似小分子螯合物的稳定结构，反应如式（3-7）所示。

$$B(OH)_4^- + 2-CHOH-CHOH \longrightarrow 4H_2O + \left[\begin{matrix} \overset{H}{-C-O} & O-\overset{H}{C-} \\ & B & \\ \underset{H}{-C-O} & O-\underset{H}{C-} \end{matrix} \right]$$

$$\tag{3-7}$$

由式（3-7）可知，该吸附伴随着键的断裂和（或）生成，属于化学吸附方式，当含硼溶液与吸附树脂作用时，溶液中的硼酸大都是先转化为 $B(OH)_4^-$ 后再与树脂上的多羟基化合物发生反应。

随着 pH 的增加，液相中 H^+ 浓度降低，式 (3-6) 反应向右移动，即 $B(OH)_3$ 继续水解，$B(OH)_4^-$ 浓度增大[97,98]。因此，交换溶液必须具有高的 pH，使硼完全以硼酸根阴离子形式存在。在高 pH 条件下，体系中硼的吸附以该吸附方式为主，树脂对硼的吸附量增大[99]。

树脂在 pH＝6 时的单位树脂硼吸附量为 6.5mg/(mL 树脂)，而树脂在弱酸性 (pH＝5.06) 的卤水溶液中仍具有较高的单位树脂硼吸附量，为 6.16mg/(mL 树脂)，且调节 pH 的过程中很容易产生氢氧化镁絮状物，因此在实际应用中不考虑调节 pH。

3.3.1.7　卤水中主要几种离子的竞争吸附实验研究

298K 下，将 5mL 树脂放置在 100mL 初始硼浓度为 680mg/L 的卤水中搅拌吸附 8h 后，静置，取上清液，测定吸附前后卤水溶液中的主要离子如 Mg^{2+}、K^+、Na^+、Li^+ 等的含量，树脂对卤水中主要几种金属离子的选择性见表 3-5。

表 3-5　树脂对卤水中主要几种金属离子的选择性

项目	组分				
	B	Mg^{2+}	Na^+	K^+	Li^+
起始浓度 c_0/(mg/L)	680	120700	1653	679.2	243.9
平衡浓度 c_e/(mg/L)	272	117446	1612	665.3	240.7
单位树脂吸附量 q/[mg/(mL 树脂)]	6.16	65.08	0.82	0.28	0.064
分配系数 K_d	22.65	0.55	0.51	0.42	0.27
分离系数 α_{Me}^B	1	41.18	44.41	53.93	83.89

从表 3-5 可以看出，吸附后卤水中各元素含量比原卤水中的含量都有一定程度的减少，这是由于树脂有比较大的比表面积，而卤水的黏度很大，因此树脂微孔必然对卤水中的离子有一定程度的截留作用，即很容易黏附卤水，吸附完后仍有卤水残留在树脂表面，特别是对于接近饱和的 Mg^{2+} 等，这些离子大

量地黏附在树脂表面或占据颗粒中的一些孔道,不利于硼的吸附。

将各种离子的吸附数据代入分配系数公式中计算,得出各种离子分配系数 K_d 的大小顺序为 $B \gg Mg^{2+} > Na^+ > K^+ > Li^+$,其中硼离子的分配系数为 22.65,其他离子的分配系数均小于 1,硼离子的 K_d 值远远大于其他离子的 K_d 值。若将硼离子的分离系数值定为 1,则其他离子的分离系数值大于 40,说明树脂能从卤水中较好地分离硼,而其他元素绝大部分能够留在原溶液体系中。

3.3.2　树脂吸附后的水洗 (水洗 1)

3.3.2.1　去离子水体积对水洗性能的影响

取 5mL 树脂加入 100mL 卤水中,在温度为 298K、搅拌速率为 100r/min 的条件下搅拌吸附 8h 至平衡,将吸附后的树脂过滤出来,用不同体积的去离子水对其进行搅拌水洗,水洗时间设为 30min,水洗实验结果见表 3-6。

表 3-6　不同去离子水体积时各组分的水洗率　　　　　　　单位:%

去离子水体积/mL	B	Mg^{2+}	Na^+	K^+	Li^+
5	0.6	78.3	79.1	74.1	76.2
10	2.1	96.7	98.4	95.2	96.4
15	2.0	95.1	96.4	96.7	98.4
20	1.2	94.8	95.7	96.2	97.1

从表 3-6 可以看出,各组实验中硼的水洗率都非常低,基本为 0.6%~2.1%,这说明树脂在吸附反应中,卤水中的硼以交换形式与树脂发生了反应,用去离子水很难将硼洗涤下来。而 Mg^{2+}、Na^+、K^+、Li^+ 的水洗率随着水洗液的体积增大而增大,当去离子水超过 10mL 时,Mg^{2+}、Na^+、K^+、Li^+ 的水洗率基本都稳定在 95% 以上,说明树脂在吸附过程中,卤水中的 Mg^{2+}、Na^+、K^+、Li^+ 等离子与树脂之间是表面物理吸附,因此在吸附反应后设置水洗工序对于后续制备纯的硼酸产品是很有必要的。

3.3.2.2　水洗时间对水洗性能的影响

取 5mL 树脂加入 100mL 卤水中于 298K、100r/min 条件下搅拌吸附 8h

至平衡，将吸附后的树脂过滤出来，用 10mL 去离子水对其进行搅拌水洗，改变不同的水洗时间，水洗时间对水洗性能的影响见表 3-7。

表 3-7　不同水洗时间时各组分的水洗率　　　　单位：%

水洗时间/min	B	Mg^{2+}	Na^+	K^+	Li^+
5	1.0	94.4	95.7	96.1	94.5
10	1.7	95.3	92.2	93.2	95.8
15	0.9	92.1	94.1	96.7	93.6
20	2.1	96.3	95.2	92.2	96.1

从表 3-7 可以看出，水洗时间对水洗性能的影响较小，这是由于树脂对这些离子的吸附为表面物理吸附，水洗超过 5min，Mg^{2+}、Na^+、K^+、Li^+ 的水洗率基本都能稳定在 95% 左右，因此后续实验水洗时间设为 5min 即可。

3.3.3　树脂解吸性能的研究

树脂的分离性能和解吸性能是直接影响树脂应用性能的重要因素，本小节主要考察树脂解吸条件对树脂解吸性能的影响，为树脂的应用奠定基础。查阅文献可知，影响树脂解吸效果的因素有很多，须对各影响因素有所了解，并把握好过程中的各个环节，才能使树脂的解吸质量有所保证，其中比较受关注的是解吸液的种类、解吸液用量以及解吸时间等对解吸率的影响[100]。

3.3.3.1　解吸液的对比试验

由 2.2.3 小节可知，解吸液分别为盐酸、硫酸时，其解吸率都较高，因此两种都可以应用于对树脂上的硼进行解吸，但综合考虑到后续提锂（卤水资源综合利用）中需采用盐酸，因此本实验采用的解吸液为盐酸，解吸反应如式（3-8）所示。

$$\left[\begin{array}{c} \text{H}\quad\quad\text{H} \\ -\text{C}-\text{O}\quad\text{O}-\text{C}- \\ \quad\quad\text{B} \\ -\text{C}-\text{O}\quad\text{O}-\text{C}- \\ \text{H}\quad\quad\text{H} \end{array}\right]^- + \text{H}^+ + 3\text{H}_2\text{O} \longrightarrow \text{B(OH)}_3 + 2-\text{CHOH}-\text{CHOH}-$$

(3-8)

由式（3-8）可知，在酸性条件下，以螯合形式吸附在树脂上的硼会被解吸下来，形成硼酸。

3.3.3.2　解吸液用量对解吸率的影响

为考察盐酸用量对解吸性能的影响，室温下取 5mL 吸附饱和的树脂，并用去离子水洗去夹带的卤水后，分别加入不同浓度、不同体积的解吸液，常温搅拌解吸 2h，搅拌速率为 100r/min 左右，静置，过滤，测定滤液中的硼浓度和滤液体积，计算硼的解吸率，实验结果如表 3-8 所示。

表 3-8　解吸液 HCl 浓度和用量对解吸率的影响

HCl 浓度/（mol/L）	HCl 体积/mL					
	5	10	20	30	40	50
	解吸率/%					
0.3	22.2	34.8	62.3	91.1	95.1	95.4
0.5	33.5	65.5	95.2	96.6	94.9	96.5
0.8	47.3	75.2	95.4	93.7	95.5	94.2
1	59.5	82.2	94.2	96.2	95.8	93.3

由表 3-8 可见，0.3mol/L HCl 需要 40mL 才能使得树脂上的硼的解吸率达到 95% 左右，0.5mol/L、0.8mol/L、1mol/L HCl 需要 20mL 就可使得树脂上的硼的解吸率达到 95% 左右。因此，实验中选用 0.5mol/L 为较优的盐酸浓度条件，控制解吸液与树脂用量（体积比）为 4∶1 时解吸，即取 5mL 树脂时，需要 0.5mol/L 盐酸 20mL，此时解吸率为 95% 左右。

3.3.3.3　解吸时间对解吸率的影响

将 5mL 吸附饱和的树脂放置 20mL 0.5 mol/L 的 HCl 中搅拌解吸，搅拌速率设为 100r/min 左右，温度设为 298K，改变解吸时间，其对解吸率的影响如表 3-9 所示。

表 3-9　解吸时间对解吸率的影响

时间/min	5	10	20	30	40
解吸率/%	64.3	82.4	95.6	95.5	95.4

从表 3-8 中可知，解吸率随着解吸时间的延长而增大，当解吸时间小于 20min 时，解吸率随着解吸时间显著增加。20min 后，继续增加解吸时间，解吸率变化不大，表明解吸时间在 20min 基本达到平衡，故解吸的反应时间取 20min 较为合理。

从反应时间上可知，解吸达到平衡的时间比吸附达到平衡时的时间要短得多，其实这不难理解，从之前所述的原理中看，吸附反应在碱性或中性环境中，有利于反应进行，而卤水的 pH＝4～6，呈弱酸性，所以不利于吸附反应的进行。而解吸是吸附的逆过程，在盐酸溶液中进行，有利于反应逆向进行。

3.3.3.4 解吸温度对解吸率的影响

将 5mL 吸附饱和的树脂于 20mL 0.5mol/L 的 HCl 中搅拌解吸，搅拌速率设为 100r/min 左右，解吸时间设为 20min，不同温度下的解吸率如表 3-10 所示。

表 3-10 解吸温度对解吸率的影响

温度/K	293	303	313	323	333
解吸率/%	95.2	95.4	95.7	96.1	95.4

由表 3-10 所知，293～333K 范围内，解吸率接近，说明温度对解吸率的影响很小，为了节省能源，解吸在常温下进行即可。

3.3.3.5 解吸时其他离子的行为

取 5mL 树脂放置在 100mL 初始硼浓度为 680mg/L 的卤水中进行搅拌吸附，再用去离子水 20mL 充分洗涤吸附后的树脂，充分洗去残存于树脂表面的卤水，再将树脂用 20mL 0.5mol/L 的盐酸溶液对其进行解吸，分析解吸液中各种离子的含量，该解吸液标号记为 1，同时取 5mL 不经过吸附的树脂，即空白树脂，也采用 20mL 0.5mol/L 的盐酸对其进行解吸，该解吸液标号记为 2，不同溶液中的主要元素含量见表 3-11。

表 3-11 不同溶液中的主要元素含量 单位：mg/L

标号	Mg	Na	K	Li
1	2.0	2.4	0.8	0.042

续表

标号	Mg	Na	K	Li
2	0.7	2.1	0.6	0.036

从表 3-10 可以看出，解吸液中仅含极少量的 Mg^{2+}、Na^+、K^+、Li^+，通过分析对比空白树脂解吸液可发现其 Mg^{2+}、Na^+、K^+、Li^+ 的含量与解吸液中的含量基本一致，可以认为树脂上并没有吸附上卤水中高浓度的 Mg^{2+}、Na^+、K^+、Li^+，因此，再次表明该树脂对卤水中的其他离子几乎不吸附，该树脂对硼有非常高的选择吸附性。

3.3.4　树脂解吸后的水洗（水洗 2）

在解吸反应完成后，依照 3.2.4.3 小节所述实验方法，每次取 2.5mL 去离子水对树脂进行洗涤，洗涤完后过滤树脂，实现固液分离，分析每次溶液的 pH 值，第一次记为标号 1，第二次记为标号 2，依次类推，实验结果见表 3-12。

表 3-12　树脂解吸后水洗液的 pH 值变化

标号	1	2	3	4	5	6
pH 值	1.1	3.2	4.3	5.5	6.1	6.8

从表 3-12 可以看出，刚开始水洗液的 pH 值很低，水洗液酸性很强，这是因为树脂上残余了较多的解吸酸液。随着水洗次数增多，流出液中的 pH 值逐渐增大，如果要将树脂洗至中性，需要大量的水。

3.3.5　树脂转型性能的研究

3.3.5.1　不同转型剂转型后树脂的吸附量

设置 1～3 号烧杯，各装 5mL 树脂，1 号为解吸过后，用水洗至中性后的树脂；2 号为解吸过后，用水洗至中性，以过量的氢氧化钠通过树脂，再用水洗至中性的树脂；3 号为解吸过后，用水洗至中性，以过量的氨水通过树脂，再用水洗至中性的树脂。将 3 种标号的树脂分别放置在 100mL 初始硼浓度为

680mg/L 的卤水中常温搅拌吸附 6h，吸附后的树脂再经过水洗，测定 1～3 号树脂的单位树脂硼吸附量，结果如表 3-13 所示。

表 3-13　不同转型剂转型后树脂的吸附量

标号	1	2	3
单位树脂硼吸附量/[mg/(mL 树脂)]	6.01	6.20	6.13

由表 3-13 可知，1～3 号树脂的单位树脂硼吸附量分别为 6.01mg/(mL 树脂)、6.20mg/(mL 树脂)、6.13mg/(mL 树脂)，由此可以看出，不用碱处理树脂，对树脂吸附硼的能力影响不大。这是由树脂本身的结构性质决定的，树脂在循环过程中的结构变化如图 3-16 所示。

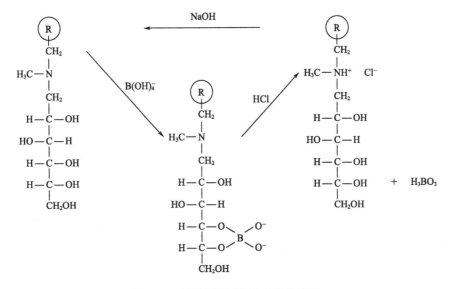

图 3-16　树脂循环过程中的结构变化

由图 3-16 可知，树脂解吸后其上的多羟基功能团恢复到原来的状态，然而会有大量的 H^+、Cl^- 残留在 N-甲基上，因此，解吸后不用碱对树脂进行转型，对树脂吸附硼的能力影响不大。在下一次循环过程中吸附后水洗 1 的步骤中，这些离子一部分会融入水中，导致溶液呈弱酸性，能够解吸下刚吸附在树脂上的硼，造成吸附后水洗 1 过程中硼的损失；而解吸后用碱进行处理会使树脂恢复到原来的结构，在下一次循环中吸附后的水洗 1 过程除了黏附在树脂表面的硼有所损失外，以螯合形式吸附上去的硼不会被水洗下来。

3.3.5.2　转型剂用量对水洗 1 中硼的水洗率的影响

由上小节可知，转型剂对转型性能的影响主要体现在下一次循环中对水洗 1 中硼水洗率的影响。而氨水在使用过程中易挥发，污染环境，不利于工业化应用，因此在此选择 NaOH 为转型剂来考察其用量对水洗 1 中硼的水洗率的影响。

室温下取 5mL 吸附饱和的树脂，并用去离子水洗去夹带的卤水，采用 20mL 0.5mol/L 的盐酸对其进行解吸，再用去离子水洗去多余的酸至中性，分别加入不同浓度、不同体积的 NaOH 进行转型，最后用去离子水洗去多余的碱至中性，再将树脂放置于 100mL 初始硼浓度为 680mg/L 的卤水中吸附 6h，吸附后用 10mL 去离子水对树脂水洗 5min，NaOH 用量对水洗 1 中硼水洗率的影响如表 3-14 所示。

表 3-14　NaOH 用量对水洗 1 中硼的水洗率的影响

NaOH 浓度/(mol/L)	NaOH 体积/mL			
	5	6	7	8
	水洗 1 中硼的水洗率/%			
0.3	13.2	11.2	14.5	9.2
0.5	8.2	2.2	1.2	2.7
0.8	3.1	3.2	1.6	3.5
1	2.3	1.5	3.3	1.8

从表 3-14 看出，5mL、6mL、7mL、8mL 0.3mol/L 的 NaOH 对树脂进行转型，水洗 1 中硼的水洗率分别 13.2%、11.2%、14.5%、9.2%，水洗率仍然比较大，说明树脂的结构还没有完全恢复到原来的形状，树脂上还存在有部分 H^+、Cl^-，以至于在水洗 1 过程中会使得吸附在树脂上的硼被洗脱下来；5mL、6mL、7mL、8mL 0.5mol/L 的 NaOH 对树脂进行转型后水洗 1 中硼的水洗率分别降低为 8.2%、2.2%、1.2%、2.7%，6mL、7mL、8mL 0.5mol/L 的 NaOH 对树脂进行转型后水洗 1 中硼的水洗率均较低，基本都保持在 5% 以下，洗脱下来的基本上都是在吸附过程中黏附在树脂上的硼，说明 6mL

0.5mol/L 的 NaOH 对树脂进行转型即可；5mL、6mL、7mL、8mL 0.8mol/L 的 NaOH 对树脂进行转型后水洗 1 中硼的水洗率分别降低为 3.1％、3.2％、1.6％、3.5％，说明 5mL 0.8mol/L 的 NaOH 对树脂进行转型即可；5mL、6mL、7mL、8mL 1mol/L 的 NaOH 对树脂进行转型后水洗 1 中硼的水洗率分别降低为 2.3％、1.5％、3.3％、1.8％，说明 5mL 1mol/L 的 NaOH 对树脂进行转型即可。

综上，采用 6mL 0.5mol/L、5mL 0.8mol/L、5mL 1mol/L 的 NaOH 对树脂进行转型均满足条件，然而三者进行比较，6mL 0.5mol/L 的 NaOH 所消耗的 NaOH 量最少，因此，对树脂进行转型的适宜条件为 6mL 0.5mol/L 的 NaOH。

3.3.5.3 转型时间对水洗 1 中硼的水洗率的影响

取 5mL 吸附饱和的树脂，并用去离子水洗去夹带的卤水，采用 20mL 0.5mol/L 的盐酸对其进行解吸，再用去离子水洗去多余的酸至中性，再分别以 6mL 0.5mol/L 的 NaOH 转型不同时间，最后用水洗去多余的碱至中性，再将树脂放置于 100mL 初始硼浓度为 680mg/L 的卤水中吸附 6h，吸附后用 10mL 去离子水对树脂水洗 5min，转型时间对水洗 1 中硼水洗率的影响如表 3-15 所示。

表 3-15　转型时间对水洗 1 中硼的水洗率的影响

时间/min	5	10	20	30	40
水洗 1 中硼的水洗率/%	3.2	2.2	4.2	1.1	2.3

从表 3-15 中可知，时间对水洗 1 中硼水洗率的性能影响不大，转型 5min、10min、20min、30min、40min 后水洗 1 中硼的水洗率分别为 3.2％、2.2％、4.2％、1.1％、2.3％，转型 5min 后水洗 1 中硼的水洗率就很低，表明 NaOH 能够很快地与树脂上的 H^+、Cl^- 相结合而使得树脂恢复到原来的结构，为了使得树脂能够更好地与转型液相接触，本实验选择 10min 为适宜的转型时间。

3.3.5.4　转型温度对水洗 1 中硼的水洗率的影响

为考察转型温度对转型性能的影响，取 5mL 树脂，树脂吸附饱和后进行解吸和转型，解吸液用盐酸，然后用水洗，再分别以 6mL 0.5mol/L 的 NaOH 在不同温度下转型 10min，最后用水洗去多余的碱至中性，再将树脂放置于 100mL 初始硼浓度为 680mg/L 的卤水中吸附 6h，吸附后用 10mL 去离子水对树脂水洗 5min，转型温度对水洗 1 中硼的水洗率的影响如表 3-16 所示。

表 3-16　转型温度对水洗 1 中硼的水洗率的影响

温度/K	293	303	313	323	333
水洗 1 中硼的水洗率/%	1.8	1.1	3.2	2.1	3.2

由表 3-16 所知，293K、303K、313K、323K、333K 下，水洗 1 中硼的水洗率分别为 1.8%、1.1%、3.2%、2.1%、3.2%，即 293~333K 范围内，水洗 1 中硼水洗率均在 5% 以下，表明温度对水洗 1 中硼水洗率几乎没有影响，为了节省能源，转型在常温下进行即可。

3.3.6　树脂转型后的水洗（水洗 3）

在转型反应完成后，依照 3.2.4.7 小节所述实验方法，每次取 2.5mL 去离子水对树脂进行洗涤，洗涤完后过滤树脂，实现固液分离，分析每次溶液的 pH 值，第一次记为标号 1，第二次记为标号 2，依次类推，实验结果见表 3-17。

表 3-17　树脂转型后水洗液 pH 值变化

标号	1	2	3	4	5	6
pH 值	13.3	11.8	11.2	10.2	9.0	7.8

从表 3-17 可以看出，刚开始水洗液的 pH 值很高，水洗液碱性很强，这是因为树脂上残余了较多的转型液。随着水洗液的体积增大，流出液中的 pH 值逐渐降低，如果要将树脂洗至中性，则需要大量的水。

3.3.7　树脂吸附前后的红外光谱分析

将吸附硼前后的树脂经真空干燥后，与 KBr 混合碾磨，压片后于红外光谱仪上进行扫描分析，其红外谱如图 3-17 所示。

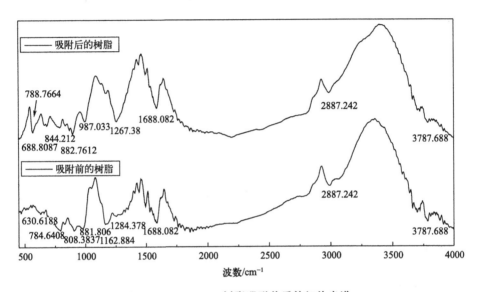

图 3-17　XSC-700 树脂吸附前后的红外光谱

从图 3-17 可以看出，吸附后的产物在 $688 \sim 844 cm^{-1}$ 处有明显的特征吸收峰，表明硼离子已经被吸附在树脂上[101]。

3.4　本章小结

① 单位树脂硼吸附量随着温度的升高、初始硼浓度的增大、pH 的上升而增大；随着黏度、树脂/卤水体积比的增大而降低；搅拌速率对单位树脂硼吸附量基本无影响。树脂能从卤水中较好地吸附硼，而其他元素绝大部分能够留在原溶液体系中，即树脂对硼的吸附有较高的选择性。

② 吸附后采用 10mL 去离子水能够将 5mL 树脂上的 Mg^{2+}、Na^+、K^+、Li^+ 等离子洗涤下来，而硼不被洗下来，水洗时间超过 5min，Mg^{2+}、Na^+、K^+、Li^+ 等离子的水洗率基本都能稳定在 95％以上。

③ 将 5mL 吸附饱和的树脂进行解吸的适宜条件为解吸液用量为 20mL 0.5mol/L 的盐酸，解吸时间为 20min，解吸温度为常温，将解吸后的树脂洗到弱酸性至中性较难，需要大量的水。

④ 将 5mL 解吸后又水洗过后的树脂进行转型的适宜条件：转型剂用量为 6mL 0.5mol/L 的氢氧化钠，转型时间为 10min，转型温度为常温，将转型后的树脂洗到弱碱性至中性较难，需要大量的水。

第 4 章

XSC-700 树脂对卤水中硼的
吸附动力学与热力学研究

4.1　引言

为了更好地研究和探讨 XSC-700 树脂对硼的静态吸附过程，本章通过对吸附动力学、等温吸附模型、热力学函数变化等的研究，考察相关的动力学和热力学行为，进一步在理论上了解影响离子交换反应进程和反应程度的主要因素，以利于在实践中对这些因素进行控制，对于该技术在实际上的应用具有重要的指导意义[102~104]。

4.2　吸附动力学与热力学研究理论基础

4.2.1　吸附动力学研究的主要模式

为了研究吸附机理及其可能的控制步骤，常常需要采用动力学模型来模拟实验数据[105~107]。动力学实验是在不同初始硼浓度、不同温度、不同剂量的吸附剂、不同搅拌速率等条件下进行的，然后利用线性回归法来确定最佳拟合动力学速率方程，它可以用控制液-固界面上吸附质的停留时间及吸附质的脱除速度等来表示[108,109]。

为定量描述吸附动力学，本章主要采用几个广泛应用的吸附模型，如准一级动力学方程、准二级动力学方程及颗粒内扩散模型等。准一级动力学方程、准二级动力学方程都假定 t 时刻树脂对硼的吸附量 q_t 和平衡吸附量 q_e 之间的差别是吸附进行的驱动力，并且吸附速率与驱动力成正比（准一级动力学方程）或与驱动力的平方成正比（准二级动力学方程）[110~112]。准一级模型基于假定吸附受扩散步骤控制；准二级模型基于假定吸附速率受化学吸附机理的控制，这种化学吸附涉及吸附剂与吸附质之间的电子共用或电子转移。这两类动力学方程都只定量描述吸附量随时间的变化关系，把吸附速度用一定的关系拟合出来，而不考虑整个吸附过程的机理和决定吸附速度大小的控速步骤，仅对实验结果进行模拟，得到反应动力学参数，进而判定硼提取过程的反应级数，这对宏观地了解吸附过程有积极意义。颗粒内扩散模型由 Fick 定律延伸得来，用 q_t 和 $t^{1/2}$ 的关系来描述吸附过程[113,114]，其描述的是由多个扩散机制控制的过程，最适合描述物质在颗粒内部扩散过程的动力学，而对于颗粒表面、液体膜内扩散的过程往往不适合。

（1）准一级动力学方程

$$\frac{\mathrm{d}q_t}{\mathrm{d}t} = k_1(q_e - q_t) \tag{4-1}$$

对式（4-1）进行积分，由边界条件 $t=0$ 时，$q_t=0$；$t=t$ 时，$q_t=q_t$，可得

$$\ln(q_e - q_t) = \ln q_e - k_1 t \tag{4-2}$$

式中，q_e、q_t 为平衡吸附和 t 时刻吸附剂对吸附质的吸附量，mg/（mL 树脂）；k_1 为一级动力学吸附速率常数，h^{-1}；t 为吸附反应时间，h。

以 $\ln(q_e - q_t)$ 对 t 作图，如果能得到一条直线，说明其吸附过程符合准一级动力学模型[115]。

（2）准二级动力学方程

准二级动力学方程表达式为

$$\frac{\mathrm{d}q_t}{\mathrm{d}t} = k_2(q_e - q_t)^2 \tag{4-3}$$

对式（4-3）进行积分，由边界条件 $t=0$ 时，$q_t=0$；$t=t$ 时，$q_t=q_t$，可得

$$\frac{1}{q_e - q_t} = \frac{1}{q_e} + k_2 t \tag{4-4}$$

式中，k_2 为准二级动力学吸附速率常数，（mL 树脂）/（h·mg）；其他变量同上。

对式（4-4）变形可得

$$\frac{t}{q_t} = \frac{1}{k_2 q_e^2} + \frac{t}{q_e} \tag{4-5}$$

通过 t/q_t 对 t 作图，可得出 k_2 和 q_e，k_2 值越大，则意味着吸附速率越快。如果 t/q_t 对 t 作图可得到一条直线，说明其吸附过程符合准二级动力学模型。

（3）颗粒内扩散方程

颗粒内扩散方程可以简单地表示为

$$q_t = k_i t^{\frac{1}{2}} + C \tag{4-6}$$

式中，k_i 为颗粒内扩散速率常数，mg/[h$^{1/2}$ · （mL 树脂）]；C 为常数；其他变量同上。

以 q_t 对 $t^{1/2}$ 作图，如果得到一条直线，说明吸附过程受到颗粒内扩散的影响，若直线不通过原点，说明颗粒内扩散不是控制吸附过程的唯一步骤，直线部分的斜率即为颗粒内扩散速率常数 k_i。

4.2.2　等温吸附模型

在恒定温度下，吸附过程达到平衡时，溶液中的平衡浓度 c_e 与树脂的吸附量 q_e 之间的关系可用等温吸附线来表达[116]。本小节主要采用 Langmuir（朗格缪尔）和 Freundlich（费瑞德里奇）这两种常用的等温吸附模型来描述树脂表面性质，以及树脂与硼之间的相互作用。

① Langmuir 等温方程式假设硼在树脂表面是单分子层吸附，并假定树脂表面上各吸附的位置分布均匀，活性中心点的能量相同，其表达式如（4-7）所示。

$$q_e = \frac{q_{max} K_L c_e}{1 + K_L c_e} \tag{4-7}$$

式中，q_e 为平衡吸附量，mg/（mL 树脂）；q_{max} 为最大吸附量，mg/（mL 树脂）；c_e 为平衡时溶液中离子的浓度，mg/L；K_L 是与吸附能有关的 Langmuir 等温吸附常数，L/mg，其大小反映了树脂与硼之间的结合力。

为确定参数 q_{max} 和 K_L，式（4-7）可转化为线性方程的形式。

$$\frac{c_e}{q_e} = \frac{c_e}{q_{max}} + \frac{1}{q_{max} K_L} \tag{4-8}$$

如果以 c_e/q_e 对 c_e 作图可得到一条直线，说明实验结果符合 Langmuir 吸附等温方程。

② Freundlich 等温方程是描述非均相吸附体系的经验式模型，其表达式如式（4-9）所示。

$$q_e = K_F c_e^{\frac{1}{n}} \tag{4-9}$$

式中，q_e 为平衡吸附量，mg/（mL 树脂）；c_e 为平衡浓度，mg/L；K_F

为与温度、吸附剂比表面积等因素有关的常数，与吸附量有关；n 为经验常数。

对上式两边取对数，可得到下述直线方程。

$$\ln q_e = \ln K_F + \frac{1}{n}\ln c_e \tag{4-10}$$

如果以 $\ln q_e$ 对 $\ln c_e$ 作图可得一条直线，则说明实验结果符合 Freundilich 等温方程。

4.2.3　反应速率常数、反应活化能及吸附过程的热力学参数 ΔH、ΔG、ΔS

4.2.3.1　反应速率常数

根据文献 [117]，反应速率常数 k 与吸附量及平衡吸附量存在如下关系式。

$$-\ln\left(1 - \frac{q_t}{q_e}\right) = kt \tag{4-11}$$

由 $-\ln(1 - q_t/q_e)$ 对时间 t 作图，并对曲线进行线性回归，回归曲线的斜率即为该温度下的反应速率常数 k。

4.2.3.2　反应活化能

根据反应动力学中 Arrhenius 公式，反应速率常数 k 与反应活化能 E 存在下述关系[118]。

$$k = A e^{-\frac{E}{RT}} \tag{4-12}$$

式中，T 为热力学温度，K；A 为指前因子；R 为摩尔气体常数，为 8.314J/(mol·K)。

进一步对上式进行处理，得到

$$\ln k = \ln A - \frac{E}{RT} \tag{4-13}$$

以 $\ln k$ 对 $1/T$ 作图，由直线斜率 η 可计算出反应活化能 E。

$$E = -R\eta \tag{4-14}$$

4.2.3.3　吸附过程的热力学参数 ΔH、ΔG、ΔS

影响离子交换反应平衡的主要因素有温度和压力，在离子交换反应中，虽然树脂会发生溶胀或收缩，但反应体系的总体积，即树脂体积和溶液体积总和几乎不变。因而，压力对离子交换平衡的影响很小。因此，在热力学研究中，仅以温度对反应平衡的影响进行研究。根据不同温度下得到的硼吸附量，分别计算吸附过程的标准自由能变化（ΔG）、标准焓变（ΔH）及标准熵变（ΔS），其中标准自由能变化采用式（4-15）计算[119]。

$$\Delta G = -RT\ln K \tag{4-15}$$

式中，R 为摩尔气体常数，$8.314\mathrm{J/(mol \cdot K)}$；$T$ 为热力学温度，K；K 为平衡常数，可由式（4-16）计算。

$$K = \frac{q_e}{c_e} \tag{4-16}$$

式中，q_e 为溶液中吸附剂吸附离子的平衡吸附量，$\mathrm{mg/(mL\ 树脂)}$；c_e 为平衡时溶液中残留的离子浓度，$\mathrm{mg/L}$。

标准焓变（ΔH）和标准熵变（ΔS）可由式（4-17）和式（4-18）计算。

$$\Delta G = \Delta H - T\Delta S \tag{4-17}$$

$$\ln K = \frac{\Delta S}{R} - \frac{\Delta H}{RT} \tag{4-18}$$

以 $\ln K$ 对 $1/T$ 作图，由直线的斜率和截距，求得 ΔH 和 ΔS，再由式（4-15）求得 ΔG。

4.3　结果与讨论

4.3.1　树脂的静态吸附动力学研究结果与分析

4.3.1.1　不同温度下 XSC-700 树脂吸附硼的动力学模拟

采用准一级动力学模型、准二级动力学模型、颗粒内扩散模型分别对图 3-2 中的实验结果进行拟合，即分别以 $\ln(q_e - q_t)$ 对 t、t/q_t 对 t、q_t 对 $t^{1/2}$ 作图，三种模型的模拟结果如图 4-1～图 4-3 所示，相应的动力学参数和相关系数列于表 4-1～表 4-3 中。

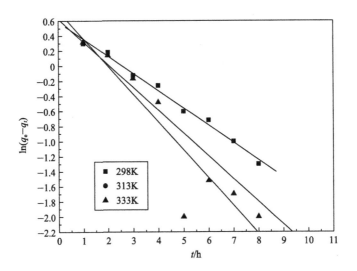

图 4-1　不同温度下 XSC-700 树脂吸附硼的准一级反应动力学模型拟合结果

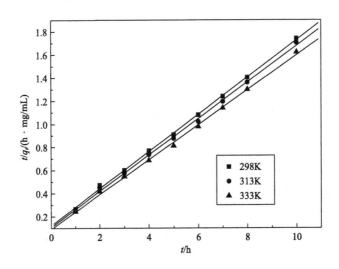

图 4-2　不同温度下 XSC-700 树脂吸附硼的准二级反应动力学模型拟合结果

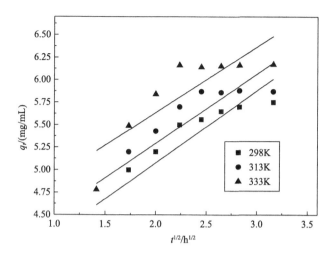

图 4-3　不同温度下 XSC-700 树脂吸附硼的颗粒内扩散模型拟合结果

表 4-1　不同温度下 XSC-700 树脂吸附硼的准一级动力学相关参数

T/K	k_1/h^{-1}	$q_\mathrm{e}/[\mathrm{mg}/(\mathrm{mL}\ 树脂)]$	R_1^2
298	0.527	3.88	0.9887
313	0.697	4.22	0.8240
333	0.850	5.43	0.8270

表 4-2　不同温度下 XSC-700 树脂吸附硼的准二级动力学相关参数

T/K	k_2/h^{-1}	$q_\mathrm{e}/[\mathrm{mg}/(\mathrm{mL}\ 树脂)]$	R_2^2
298	0.215	6.22	0.9989
313	0.235	6.36	0.9982
333	0.283	6.63	0.9980

表 4-3　不同温度下 XSC-700 树脂吸附硼的颗粒内扩散方程相关参数

T/K	$k_\mathrm{i}/\{\mathrm{mg}/[\mathrm{h}^{1/2}\cdot(\mathrm{mL}\ 树脂)]\}$	R_i^2
298	0.8003	0.7976
313	0.7673	0.7368
333	0.7278	0.6723

根据表 4-1～表 4-3 的结果，在温度分别为 298K、313K、333K 时，准一级动力学模型拟合的相关系数 R_1^2 分别为 0.9887、0.8240 和 0.8270，准二级动力学模型拟合相关系数 R_2^2 分别为 0.9989、0.9982 和 0.9980，而颗粒内扩散模型拟合相关系数 R_i^2 分别为 0.7976、0.7368 和 0.6723，表明准二级动力学模型拟合曲线的线性关系最好，而颗粒内扩散模型拟合的线性关系较差，准二级动力学模型为 XSC-700 树脂吸附硼的主要控制步骤，吸附量随温度的增高而增加[116]。

4.3.1.2 不同溶液初始硼浓度下 XSC-700 树脂吸附硼的动力学模拟

采用准一级动力学模型、准二级动力学模型、颗粒内扩散模型分别对图 3-4 中的实验结果进行拟合，即分别以 $\ln(q_e-q_t)$ 对 t、t/q_t 对 t、q_t 对 $t^{1/2}$ 作图，三种模型的模拟结果如图 4-4～图 4-6 所示，相应的动力学参数和相关系数列于表 4-4～表 4-6 中。

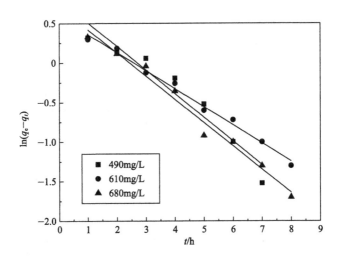

图 4-4 不同初始硼浓度下 XSC-700 树脂吸附硼的
准一级反应动力学模型拟合结果

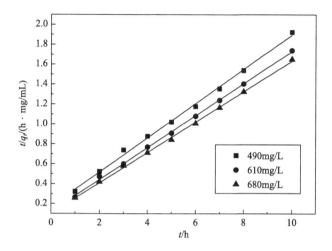

图 4-5　不同初始硼浓度下 XSC-700 树脂吸附硼的

准二级反应动力学模型拟合结果

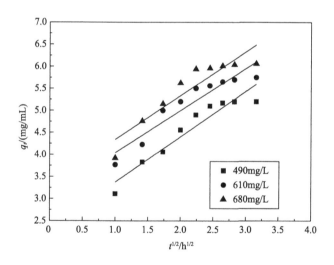

图 4-6　不同初始硼浓度下 XSC-700 树脂吸附硼的

颗粒内扩散模型拟合结果

表 4-4　不同初始硼浓度下 XSC-700 树脂吸附硼的准一级动力学相关参数

初始硼浓度/(mg/L)	k_1/h^{-1}	$q_e/[\text{mg}/(\text{mL 树脂})]$	R_1^2
490	0.689	6.43	0.91813

续表

初始硼浓度/(mg/L)	k_1/h^{-1}	q_e/[mg/(mL 树脂)]	R_1^2
610	0.527	3.88	0.98865
680	0.678	5.19	0.97777

表 4-5　不同初始硼浓度下 XSC-700 树脂吸附硼的准二级动力学相关参数

初始硼浓度/(mg/L)	k_2/[(mL 树脂)/(mg·h)]	q_e/[mg/(mL 树脂)]	R_2^2
490	0.171	5.81	0.99673
610	0.215	6.22	0.99892
680	0.104	9.64	0.99870

表 4-6　不同初始硼浓度下 XSC-700 树脂吸附硼的颗粒内扩散方程相关参数

初始硼浓度/(mg/L)	k_i/{mg/[h^{1/2}·(mL 树脂)]}	R_i^2
490	1.026	0.90006
610	0.952	0.86883
680	0.991	0.83715

由表 4-4～表 4-6 可以看出，初始硼浓度为 490mg/L、610mg/L、680mg/L 时，准一级动力学模型拟合的相关系数 R_1^2 分别为 0.91813、0.98865、0.97777，准二级动力学模型拟合的相关系数 R_2^2 分别为 0.99673、0.99892、0.99870，而颗粒内扩散模型拟合的相关系数 R_i^2 分别为 0.90006、0.86883、0.83715，表明树脂对硼的吸附动力学更符合准二级反应动力学过程[120]。

4.3.1.3　不同树脂用量下 XSC-700 树脂吸附硼的动力学模拟

采用准一级动力学模型、准二级动力学模型、颗粒内扩散模型分别对图 3-6 中的实验结果进行拟合，即分别以 $\ln(q_e-q_t)$ 对 t、t/q_t 对 t、q_t 对 $t^{1/2}$ 作图，三种模型的模拟结果如图 4-7～图 4-9 所示，相应的动力学参数和相关系数列于表 4-7～表 4-9 中。

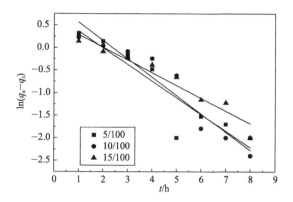

图 4-7　不同固液比下 XSC-700 树脂吸附硼的准一级反应动力学模型拟合结果

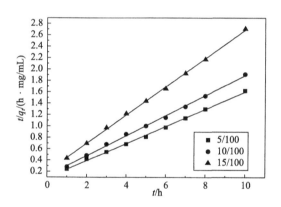

图 4-8　不同固液比下 XSC-700 树脂吸附硼的准二级反应动力学模型拟合结果

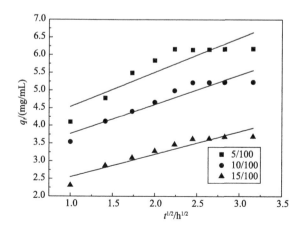

图 4-9　不同固液比下 XSC-700 树脂吸附硼的颗粒内扩散模型拟合结果

表 4-7 不同固液比下 XSC-700 树脂吸附硼的准一级动力学相关参数

固液比	k_1/h^{-1}	$q_e/[\mathrm{mg}/(\mathrm{mL}\ 树脂)]$	R_1^2
5/100	0.850	5.43	0.8270
10/100	0.9355	9.32	0.8992
15/100	0.651	3.74	0.9255

表 4-8 不同固液比下 XSC-700 树脂吸附硼的准二级动力学相关参数

固液比	$k_2/[(\mathrm{mL}\ 树脂)/(\mathrm{mg} \cdot \mathrm{h})]$	$q_e/[\mathrm{mg}/(\mathrm{mL}\ 树脂)]$	R_2^2
5/100	0.254	6.63	0.9980
10/100	0.249	5.67	0.9979
15/100	0.311	4.02	0.9990

表 4-9 不同固液比下 XSC-700 树脂吸附硼的颗粒内扩散方程相关参数

固液比	$k_i/\{\mathrm{mg}/[\mathrm{h}^{1/2} \cdot (\mathrm{mL}\ 树脂)]\}$	R_i^2
5/100	0.9698	0.7858
10/100	0.8275	0.8928
15/100	0.6362	0.8871

由表 4-7～表 4-9 可以看出，准一级动力学模型拟合的相关系数 R_1^2 分别为 0.8270、0.8992 及 0.9255，准二级动力学模型拟合的相关系数 R_2^2 分别为 0.9980、0.9979 和 0.9990，而颗粒内扩散模型拟合的相关系数 R_i^2 分别为 0.7858、0.8928 和 0.8871，表明树脂对硼的吸附动力学更符合准二级反应动力学过程。

4.3.1.4 反应速率常数

在一定温度条件下，以 $-\ln(1-q_t/q_e)$ 对时间 t 作图，并对各曲线进行线性回归，得到曲线的斜率，由斜率计算出该温度下反应速率常数 k。

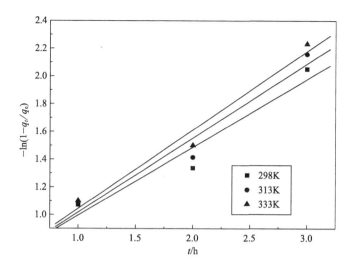

图 4-10　不同温度下的反应速率常数

由图 4-10 可知，各温度下速率曲线线性相关性比较好，温度为 298K、313K、333K 时，斜率分别为 0.49、0.53 及 0.57，即随着反应温度的升高，树脂与硼的交换反应速率加快，但加快程度不很显著，这与前面的实验基本一致。

4.3.1.5　反应活化能

在影响动力学因素中，研究了温度的影响，一方面通过温度的影响可以考察反应速率随温度的变化情况，另一方面可以通过温度实验，计算反应活化能的大小。由表 4-1～表 4-3 中不同温度下反应速率常数的实验数据，绘制 $\ln k$-$10^3/T$ 图，如图 4-11 所示。

从图 4-11 可看出，通过斜率和截距可以计算出活化能 E 为 6.527kJ/mol，A 为 1.0845。

4.3.2　吸附过程热力学分析

4.3.2.1　吸附的等温模型

以溶液中不同浓度下硼离子吸附平衡后的浓度为横坐标，单位树脂吸附的硼含量为纵坐标绘制吸附等温线，其结果如图 4-12 所示。

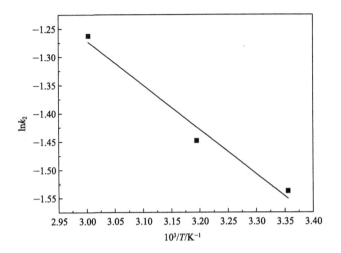

图 4-11　ln$k$-10³/T 的关系

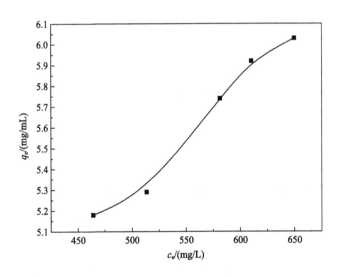

图 4-12　卤水溶液中硼的吸附等温线

采用 Langmuir 和 Freundlich 吸附等温模型对图 4-12 的数据进行线性拟合，得到数据拟合图 4-13 和图 4-14。根据拟合的 Langmuir 等温方程的线性形式可以求出相关参数 K_L 和 q_s，进而可得到相关的等温方程；根据拟合的 Freundlich 等温方程的线性形式可以求出相关参数 K_F 和 n，进而可得到相关的等温方程，对实验数据进行拟合得出的相关参数如表 4-10 所示。

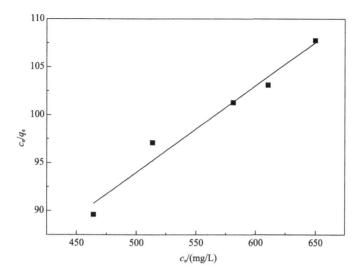

图 4-13　Langmuir 等温方程的线性拟合

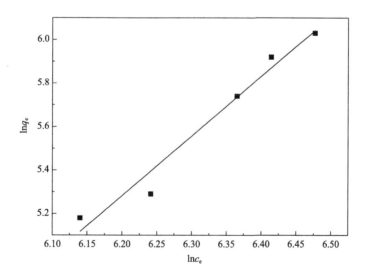

图 4-14　Freundlich 等温方程的线性拟合

表 4-10　Langmuir 方程拟合吸附等温线的相关参数

$q_{\max}/[\mathrm{mg}/(\mathrm{mL}\ 树脂)]$	$K_{\mathrm{L}}/(\mathrm{L/mg})$	R^2
11.06	0.0019	0.96031

表 4-11 Freundlich 方程拟合吸附等温线的相关参数

$\ln K_F/[mg/(mL 树脂)\cdot(1/mg)^{1/n}]$	$1/n$	R^2
−11.751	0.36	0.95889

由表 4-10 和表 4-11 中数据可以看出，Langmuir、Freundlich 模型拟合得出的 R^2 分别为 0.96031、0.95889，虽然相关系数相差不大，但是可以判别出吸附过程更符合 Langmuir 等温吸附模型。

4.3.2.2　离子交换热力学平衡参数的计算

以 $\ln K$ 对 T 作图，如图 4-15 所示，根据直线斜率可以求出吸附过程的焓变 ΔH；再通过式（4-15）～式（4-17），可以计算出吸附的热力学平衡参数，见表 4-12。由于实验过程与理想过程有偏离，此处计算得到的 ΔH、ΔS 等值不是绝对数值，而只是作为硼吸附热力学的定性参考。

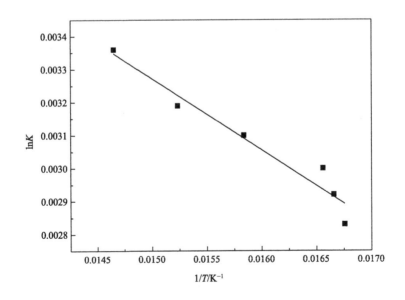

图 4-15　$\ln K$-$1/T$ 的关系

由表 4-12 可知，在 298～353K 下，树脂吸附硼的 ΔG 均为负值，说明所有吸附过程均为自发进行的。随着温度的升高，ΔG 的绝对值由 6.66kJ/mol

逐渐增加到 8.40kJ/mol，但是增加的不是很大，表明温度越高，吸附过程自发趋势越大，但影响不是很大；吸附焓变 ΔH 为 2.84kJ/mol，为正值，表明吸热效应大于放热效应，吸附过程是吸热反应，升温有利于吸附；ΔS 为 31.83J/(mol·K)，表明吸附是个熵增加的过程。

表 4-12　XSC-700 树脂吸附硼的热力学参数

T/K	K	$\Delta G/(kJ/mol)$	$\Delta H/(kJ/mol)$	$\Delta S/[J/(mol·K)]$
298	14.69	−6.66		
313	15.23	−7.09		
333	16.61	−7.78	2.84	31.83
343	16.99	−8.08		
353	17.48	−8.40		

4.4　本章小结

① 不同温度、不同初始硼浓度、不同树脂用量等条件下准二级动力学方程的拟合系数 R_2^2 均较准一级动力学方程的拟合系数 R_1^2 及颗粒内扩散方程的拟合系数 R_i^2 高，表明当前的硼吸附过程遵从准二级动力学方程。

② 各温度下速率曲线线性相关性比较好，温度为 298K、313K、333K 时，反应速率常数分别为 0.49、0.53 及 0.57，反应活化能为 6.527kJ/mol。

③ Langmuir 和 Freundlich 等温方程与实验数据拟合得都较好，R^2 分别为 0.96031 和 0.95889，说明 Langmuir 等温方程更适用于树脂在上述实验溶液中吸附硼的过程。

④ 在 298～353K 下，树脂吸附硼的 ΔG 均小于零，随着温度的升高，ΔG 的绝对值由 6.66kJ/mol 逐渐增加到 8.40kJ/mol，但是增加的不是很大，表明温度越高，吸附过程自发趋势越大，但影响不是很大；吸附焓变 ΔH 为 2.84kJ/mol，大于零，表明吸附过程是吸热反应，升温有利于吸附；ΔS 为 31.83J/(mol·K)，表明吸附是个熵增加的过程。

第 5 章

XSC-700 树脂
对卤水中硼的动态吸附

5.1　引言

为了有效回收盐湖卤水中的硼，本章在静态离子交换实验的基础上，选择离子交换树脂 XSC-700 作为离子交换柱的固定相，采用动态吸附法来实现硼的分离，对影响离子交换动态分离的主要因素进行研究，这些因素包括流速、卤水初始硼浓度、树脂体积等。通过对这些条件的优化，考察树脂对硼离子的吸附率和穿透性能，并计算出穿透吸附量、穿透时间等参数，探索盐湖卤水在离子交换柱中的交换行为，同时对实验室中的小型实验结果进行实验室扩大实验验证。

5.2　实验部分

5.2.1　实验原料、药品、设备及动态吸附实验装置示意图

实验原料见 3.2.1 小节。

实验药品见 2.2.2 小节。

实验所用的仪器设备为：数显恒流泵（HL-2D，上海沪西分析仪器厂），自动部分收集器（BS-100A，上海沪西分析仪器厂），石英玻璃离子交换柱（ϕ20mm×450mm，自制），数显恒流泵（HL-5B，上海沪西分析仪器厂），石英玻璃离子交换柱（ϕ50mm×1000mm，壁厚 2mm，自制），其余见 2.2.3 小节。

动态吸附实验装置示意见图 5-1。

5.2.2　实验方法

5.2.2.1　树脂的装柱

在一定温度下，在垂直固定于铁架上的玻璃离子交换柱（离子交换柱下段预先装入少量玻璃棉以防树脂漏出）中带水装入一定床层高度（其装填柱长根据需要调整，为表述方便，本书中离子交换柱柱长均指装填的树脂层高度）的

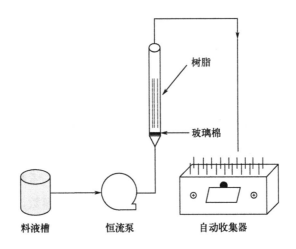

图 5-1 动态吸附装置示意

已预处理完毕的树脂，让树脂在柱内自由沉降，逐渐堆积成树脂床[121,122]，装填完毕后在树脂上端填上玻璃纤维，以防止操作过程中树脂因为卤水密度过大而浮起。

5.2.2.2 动态吸附

将预处理后的树脂装柱，用恒流泵控制流速使得一定浓度的原料卤水从下到上（逆流）流经交换柱中的树脂层，在这个过程中卤水总是依次接触到柱上新的树脂。卤水中的硼被树脂吸附，不被吸附或交换能力弱的离子就会流出，每隔一段时间用自动收集器收集取样，测定相关离子的浓度，取流出液硼浓度为 5mg/L 时为穿透点（穿透点是指吸附过程中，流出液中吸附质浓度允许达到最高值时的点），当流出液硼浓度达到穿透点时，停止进样。

根据式（5-1）计算总吸附量。

$$Q = (c_0 - c_r)V_r \qquad (5\text{-}1)$$

式中，Q 为总吸附量，mg；c_0 为溶液初始硼浓度，mg/L；c_r 为收集器中所有溶液混合后的硼浓度，mg/L；V_r 为自动收集器中所有溶液混合后的体积，L。

根据式（5-2）计算室温下单位树脂对硼的吸附量。

$$q = \frac{(c_0 - c_r)V_r}{v} \tag{5-2}$$

式中，q 为单位树脂对硼的吸附量，mg/（mL 树脂）；c_0 为溶液初始硼浓度，mg/L；c_r 为收集器中所有溶液混合后的硼浓度，mg/L；V_r 为自动收集器中所有溶液混合后的体积，L；v 是树脂的体积，mL。

根据式（5-3）计算树脂对硼的吸附率。

$$\Phi = \frac{c_0 - c_r}{c_0} \times 100\% \tag{5-3}$$

式中，Φ 为树脂对硼的吸附率，%；c_0 为溶液初始硼浓度，mg/L；c_r 为收集器中所有溶液混合后的硼浓度，mg/L。

穿透曲线是指吸附过程中，溶液通过吸附床层，流出液中吸附质浓度随流出液体积变化的曲线，其示意如图 5-2 所示。

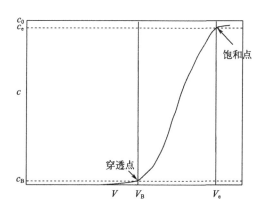

图 5-2　穿透曲线示意

图 5-2 中：c_0 为溶液的初始硼浓度，mg/L；c 为流出液中的硼离子浓度，mg/L；c_B 为达到穿透点时的硼浓度，mg/L；c_e 为达到吸附饱和点时的硼浓度，mg/L；V 为流出液体积，mL；V_B 为达到穿透点时流出液的体积，称为穿透体积，mL；V_e 为达到吸附饱和点时流出液的体积，mL。

实际上吸附操作只能进行到穿透点为止，从吸附开始到达到穿透点所需时间称为穿透时间，树脂达到穿透点时的吸附量 q_B 即为穿透吸附量，可根据式

（5-4）采用积分法求出。

$$q_B = \int_0^{V_B} (c_0 - c_B) \frac{dV}{v} \qquad (5\text{-}4)$$

式中，q_B 为单位树脂的穿透吸附量，mg/（mL 树脂）；V_B 为达到穿透点时流出液的体积，称为穿透体积，mL；c_0 为溶液初始硼浓度，mg/L；c_B 为达到穿透点时流出液中的硼离子浓度，mg/L；v 是树脂的体积，mL。

5.2.2.3　吸附后的动态水洗（水洗 1）

卤水中的硼吸附后，由于卤水的黏度大，会有部分卤水残余在柱子床内，因此，先用泵将树脂内大部分残余的卤水抽出，再使用去离子水在一定流速下由上往下（顺流）流经离子交换柱，每流出一定的体积或每隔一段时间用自动收集器收集流出的洗水样，测定相关离子的浓度。

5.2.2.4　动态解吸

解吸液在一定流速下由下往上（逆流）流经吸附后的树脂层，把吸附在树脂上的硼解吸出来，用取样器定时取样，分析测定解吸液中的硼浓度，绘出解吸曲线。

根据式（5-5）计算树脂室温下的解吸率。

$$\varphi = \frac{c_d V_d}{qv} \times 100\% \qquad (5\text{-}5)$$

式中，φ 为解吸率，%；V_d 为收集器中所有解吸液混合后的体积，L；c_d 为解吸液中硼浓度，mg/L；q 为单位树脂对硼的吸附量，mg/（mL 树脂）；v 为树脂的体积，mL。

5.2.2.5　解吸后的动态水洗（水洗 2）

解吸完后，会有部分酸残余在柱子床内，先用泵将树脂内大部分残余的酸抽出，再使用去离子水在一定流速下由上往下（顺流）流经离子交换柱，每流出一定的体积或每隔一段时间用自动收集器收集流出的洗水样，测定洗水样的 pH。

5.2.2.6　动态转型

转型液在一定温度下按一定流速由下往上（逆流）流经树脂层，并记录每次转型液体积及时间，每次转型后重新放入卤水中进行吸附，吸附后进行水洗，计算树脂在水洗 1 过程中硼的水洗率。

5.2.2.7　转型后的动态水洗（水洗 3）

转型完后，会有部分的碱残余在柱子床内，先用泵将树脂内大部分残余的碱抽出，再使用去离子水在一定流速下由上往下（顺流）流经离子交换柱，每流出一定的体积或每隔一段时间用自动收集器收集流出的洗水样，测定洗水样的 pH。

5.3　结果与讨论

5.3.1　离子交换树脂对卤水中硼的动态吸附

5.3.1.1　流速对树脂吸附硼的影响

准确量取 100mL 经预处理的 XSC-700 树脂，装入交换柱内，排气泡，将初始硼浓度为 448mg/L 的卤水分别以 1mL/min、1.5mL/min、2mL/min 和 3mL/min 的流速通过离子交换树脂柱，流出液分段收集，每次取样体积为 5～10mL，用 ICP 测定硼离子浓度。本实验选取流出液硼离子浓度 5mg/L 为穿透点，对应的流出体积为穿透体积，对应的时间为穿透时间，对应的吸附量为穿透吸附量。不同卤水流速下的穿透吸附曲线如图 5-3 所示，不同流速对 XSC-700 树脂吸附硼的影响如表 5-1 所示。

表 5-1　不同流速对 XSC-700 树脂吸附硼的影响

流速/(mL/min)	穿透体积/mL	穿透时间/min	穿透吸附量/[mg/(mL 树脂)]
1	330	330	2.08
1.5	305	203	2.05
2	130	65	0.74
3	120	40	0.72

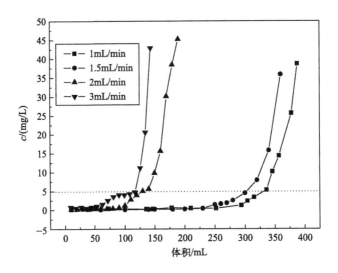

图 5-3　不同卤水流速下的穿透吸附曲线

由图 5-3 和表 5-1 可知，样品溶液通过树脂的流速对工作效率及对硼的吸附均有较大影响[123]。各流速下，当溶液流过离子交换柱时，开始流出液中的硼离子浓度为零（全部交换到树脂上），随着流出溶液体积逐渐增加，流出溶液中的硼离子浓度上升，出现穿透点。同时可以看出，流速为 1mL/min、1.5mL/min、2mL/min、3mL/min 时，穿透点分别出现在 330mL、305mL、130mL、120mL 附近，穿透时间分别为 330min、203min、65min、40min，穿透吸附量分别为 2.08mg/(mL 树脂)、2.05mg/(mL 树脂)、0.74mg/(mL 树脂)、0.72mg/(mL 树脂)。即随着流速的增大，穿透时间越来越短，所处理的卤水量也越来越少，树脂的利用率降低，树脂对硼的吸附量也减小。这是由于流速小，离子在柱中停留的时间长，两相有充分的接触时间，离子交换作用越充分，发生交换反应的可能性就越大，树脂吸附效果越好，穿透点出现得越迟，树脂利用率高；反之，流速大，穿透点提前，穿透体积减少，树脂的利用率降低，这与文献 [124] 相一致。

流速为 2mL/min、3mL/min 时，其穿透吸附量相对较小，处理的卤水量较少，不满足实际要求，且高流速下会造成水流阻力增大，需要使用更大功率的水泵，增加了动力能量的消耗和树脂的破损率。而对比流速为 1mL/min、1.5mL/min 的结果，穿透吸附量变化不大，但 1mL/min 比 1.5mL/min 的穿透时间长，即树脂单位时间的处理量太低，工作周期长，工作效率、生产能力相对较低。同时流速过低容易造成水流在树脂层的截面上发生偏流现象，影响树脂的吸附，可能会导致吸附量降低、局部穿透、出水质量恶化等现象。

因此，综合考虑吸附效果及生产周期，选定 1.5mL/min 为合适的进样流速。

5.3.1.2　树脂体积对树脂吸附硼的影响

离子交换柱中树脂层高度越大，装填的树脂体积也越大，因此本小节中采用树脂体积的大小来代替树脂层高度，分别量取 80mL、100mL、120mL 经预处理的树脂，分别装入交换柱中，初始硼浓度 370mg/L 的卤水以流速 1.5mL/min 通过交换柱，流出液分段收集，每次取样体积为 5～10mL，其结果如图 5-4 及表 5-2 所示。

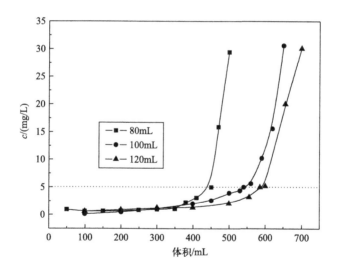

图 5-4　不同树脂体积下的穿透吸附曲线

表 5-2　树脂体积对树脂吸附硼的影响

树脂体积/mL	穿透体积/mL	穿透时间/min	穿透吸附量/[mg/(mL 树脂)]
80	450	300	2.08

续表

树脂体积/mL	穿透体积/mL	穿透时间/min	穿透吸附量/[mg/(mL 树脂)]
100	540	360	2.16
120	585	390	1.80

从图 5-4 及表 5-2 可以看出，在树脂使用量为 80mL、100mL、120mL 时，树脂分别在 300min、360min、390min 时穿透，穿透体积分别为 450mL、540mL、585mL，穿透吸附量分别为 2.08mg/(mL 树脂)、2.16mg/(mL 树脂)、1.8mg/(mL 树脂)。

随着树脂体积的增大，穿透时间延后，穿透体积增大，穿透吸附量先增加后降低。这是由于柱子一定，随着树脂体积增大，树脂层高度增加，流速一定，离子交换柱中树脂层高度越长，树脂与溶液之间的接触时间越长，交换越充分，则穿透时间延长，穿透体积增加。同时增加树脂层高度还能使液流分布均匀，减少壁效应，有利于交换，但树脂层不宜过高，当树脂使用量超过 100mL 时，单位树脂穿透吸附量减小，树脂利用率不高，且随着树脂层高度的增加，会增加床层阻力，水流阻力和动力消耗也将大大增加。因此，树脂体积为 100mL 时，吸附性能较优。

5.3.1.3 卤水初始硼浓度对树脂吸附硼的影响

准确量取经预处理的 100mL 树脂装入交换柱中，实验温度为室温，为了得到不同硼浓度的卤水，用原始卤水与以往实验用过的卤水进行比例混合，可以不改变其黏度和 pH。配制硼浓度分别为 183mg/L、370mg/L、448mg/L、620mg/L 的卤水溶液，以 1.5mL/min 的流速通过交换柱，按照一定时间间隔收集流出液，每次取样体积为 5～10mL，用 ICP-OES 测定硼含量，穿透吸附实验结果见图 5-5 及表 5-3。

表 5-3 初始硼浓度对树脂吸附硼的影响

初始硼浓度/(mg/L)	穿透体积/mL	穿透时间/min	穿透吸附量/[mg/(mL 树脂)]
183	765	510	1.29
370	540	360	2.16

续表

初始硼浓度/(mg/L)	穿透体积/mL	穿透时间/min	穿透吸附量/[mg/(mL 树脂)]
448	330	220	2.05
620	285	190	2.11

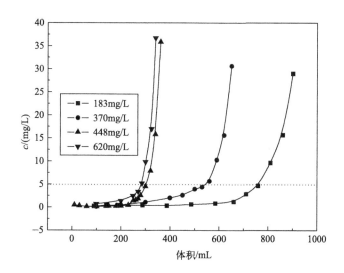

图 5-5 不同初始硼浓度下的穿透吸附曲线

由图 5-5 及表 5-3 可以看出，溶液初始硼浓度也是影响吸附的重要因素，当卤水中硼浓度为 183mg/L、370mg/L、448mg/L、620mg/L 时，树脂分别在 510min、360min、220min、190min 时穿透，穿透体积分别为 765mL、540mL、330mL、285mL，穿透吸附量分别为 1.29mg/(mL 树脂)、2.16mg/(mL 树脂)、2.05mg/(mL 树脂)、2.11mg/(mL 树脂)。

随着初始硼浓度的增大，穿透吸附量也随着增大，这是因为随初始硼浓度的增加，硼酸根离子与树脂的功能基团碰撞的概率也随之增大，吸附速度加快，因此，在一定时间内，比低浓度中吸附量大。但随着初始硼浓度的增大，穿透时间提前，穿透体积减小，即可以处理的卤水量也会减少，树脂上功能基团的利用率下降；反之，原溶液中初始硼浓度较低，穿透时间延长，穿透体积增加，树脂利用率升高。总之，增加原溶液中初始硼浓度，有利于改善交换效果；降低原溶液中初始硼浓度，有利于提高交换柱的利用率，但如果浓度过低，处理时间过长，会导致处理效率降低[125]。

因此，考虑生产成本及最佳吸附效果，取卤水初始硼浓度 448mg/L 左右为宜。

5.3.1.4 吸附时其他离子的行为

准确量取经预处理的 100mL 树脂装入交换柱中，实验温度为室温，配制初始硼浓度为 620mg/L 的硼酸溶液及卤水溶液，以 1.5mL/min 的流速，通过交换柱，按照一定时间间隔收集流出液，每次取样体积为 5～10mL，用 ICP-OES 测定各种离子的浓度。硼酸溶液和卤水中硼的对比穿透曲线如图 5-6 所示，卤水中 Mg^{2+}、Na^+、K^+、Li^+ 的穿透曲线如图 5-7 所示。

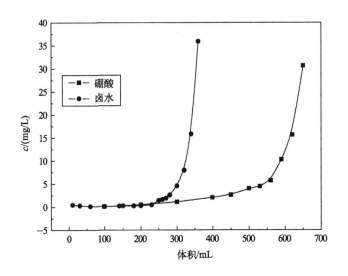

图 5-6　硼酸溶液和卤水中硼的对比穿透曲线

由图 5-6 可以看出，硼酸溶液和卤水的穿透曲线相距较远，说明卤水中有其他离子的存在，对树脂吸附硼有一定的影响。这是由于卤水中含有大量的 $MgCl_2$，卤水的黏度较大，影响了硼的吸附，同时各种其他离子会大量地黏附在树脂表面上，占据树脂上的一些孔道，同样不利于硼的吸附。这在静态条件

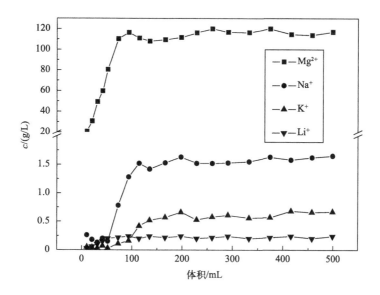

图 5-7　卤水中 Mg^{2+}、Na^+、K^+、Li^+ 的穿透曲线

下的实验中也得出了相同的结论，即处理溶液越纯，树脂的实际交换吸附能力也越高，有利于交换吸附。

从图 5-7 可以看出，在加入卤水后，Mg^{2+}、Na^+、K^+、Li^+ 很快发生了穿透，说明树脂对这些离子不吸附或者吸附量非常少，表明树脂对卤水中的硼有专一的选择吸附性。

5.3.2　吸附后的水洗（水洗 1）

水洗 1 的目的是洗去黏附在树脂表面的其他离子，向吸附后的吸附柱内通入去离子水，考察 20mL/min、40mL/min、60mL/min 流速下的水洗效果，结果如图 5-8～图 5-10 所示。

由图 5-8～图 5-10 可知，各流速下对树脂吸附的各种离子的水洗过程中，刚开始时流出液中的各种离子浓度较高，尤其是 Mg^{2+}，其浓度几乎可达到 100g/L 左右，水洗过程中的 Mg^{2+}、Na^+、K^+、Li^+ 浓度急剧下降。在 20mL/min、40mL/min、60mL/min 时，Mg^{2+}、Na^+、K^+、Li^+ 下降得较快，分别用 150mL、200mL、250mL 去离子水淋洗树脂后，流出液中各种离子的含量都很低。由此可以看出，随着流速的增大，各种离子下降速度稍微有所减慢，所需的水量稍微有所增多，这可能是因为流速增大，水没能足够的时间接触到树脂，而使得有些离子没被充分洗涤下来。

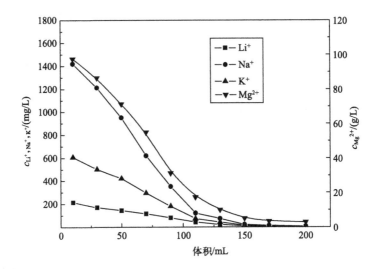

图 5-8　20mL/min 流速下 Mg^{2+}、Na$^+$、K$^+$、Li$^+$ 的水洗曲线

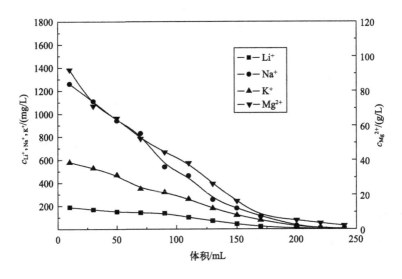

图 5-9　40mL/min 流速下 Mg^{2+}、Na$^+$、K$^+$、Li$^+$ 的水洗曲线

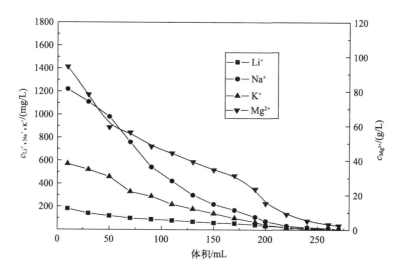

图 5-10　60mL/min 流速下 Mg^{2+}、Na$^+$、K$^+$、Li$^+$ 的水洗曲线

综合考虑到如果流速太大，流体的压力会使得树脂发生破碎，且需使用更大功率的水泵，增加动力能量的消耗，而如果流速太小，所需的时间较长，会造成总的效率的降低，因此，选择 40mL/min 为水洗的较佳条件。此时，用 200mL 以上去离子水洗涤树脂后，流出液中基本上都检测不出各种离子，说明树脂中的主要干扰离子能够较容易地被水洗下来，该结果与静态实验基本一致。考虑到用水量，用 200mL 即 2 倍树脂体积的去离子水淋洗即可。

5.3.3　离子交换树脂对卤水中硼的动态解吸

树脂水洗后，将 0.5mol/L 盐酸（采用的盐酸浓度与静态实验一致）流经树脂层，调节恒流泵控制不同流速，启动自动取样机，对解吸液分批收集，测定其中的硼含量，不同盐酸流速下的解吸结果如图 5-11 和表 5-4 所示。

表 5-4　不同盐酸流速对解吸效果的影响

流速/mL/min	耗酸量/mL	解吸时间/min
5	120	24
10	140	14

续表

流速/mL/min	耗酸量/mL	解吸时间/min
15	150	10
20	160	8

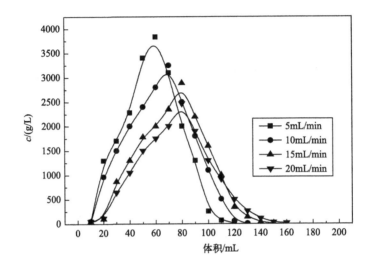

图 5-11　不同盐酸流速时的解吸曲线

由图 5-11 和表 5-4 可以看出，盐酸流速对 XSC-700 树脂的解吸有较大影响。各流速下的解吸曲线呈现先上升后下降的趋势，即最初解吸液中硼的浓度等于零，随着解吸的进行，解吸液中硼离子浓度逐渐增大，达到最大值后又逐渐减小，当硼离子浓度很低且基本保持不变时，解吸完全。这是由于在解吸过程中，上层的硼离子先被解吸下来，经过下层中未被交换的树脂时，又可以再度被交换。

当盐酸流速为 5mL/min、10mL/min、15mL/min、20mL/min 时，耗酸量分别为 120mL、140mL、150mL、160mL，解吸时间分别为 24min、14min、10min、8min。流速越低，解吸峰越窄、越高，说明解吸效果良好，解吸越充分彻底，但解吸时间越长，工作效率降低。随着流速的增加，解吸时间缩短，但解吸峰略有变宽，有些拖尾现象，所需的解吸液增加。在充分解吸出所吸附的物质的前提下，应当尽量节省解吸剂的用量，同时需减少生产周期。因此，综合考虑生产效率及确保解吸效果，确定解吸液的流速为 5～10mL/min，而解吸液用量采用 120～140mL，即 1.2～1.4 倍树脂体积，此时解吸时间需要 14～24min。

与静态实验相比，静态实验中树脂是达到吸附饱和再进行解吸，而树脂达到吸附饱和时单位树脂硼吸附量约为 6.2mg/(mL 树脂)，而在本小节中，树脂穿透后就进行解吸，其穿透吸附量约为 2.16mg/(mL 树脂)，因此，所需酸量减少。

5.3.4　解吸后的水洗（水洗 2）

由吸附后的水洗实验可知，过高的流速耗水量会增加，而过低的流速所需的时间较长而导致效率较低，而水洗 2 的目的只是洗涤残留在树脂表面的酸液洗，因此在此可选择与吸附后的水洗流速一致，即流速控制为 40mL/min，每流出 50mL 取样，测定其 pH 值，结果如表 5-5 所示。

表 5-5　树脂解吸后的水洗流出液中 pH 值的变化

标号	1	2	3	4	5	6
pH 值	0.9	2.6	3.8	5.3	5.8	6.4

由表 5-5 可以看出，随着水洗液增多，流出液中的 pH 值逐渐增大，流出液体积在 200mL 之前，水洗液的 pH 值上升较快，在 200mL 以后，水洗液中上升较为缓慢，要将树脂洗至中性，需要大量的水，因此在此处选择 pH 值为弱酸性情况下即可，即选用 200mL 的水进行解吸后的水洗。

5.3.5　树脂转型性能研究

5.3.5.1　转型液体积对水洗 1 中硼的水洗率的影响

在此采用 30～60mL 范围内的 0.5mol/L 的氢氧化钠对解吸并水洗后的树脂进行转型，控制流速为 4mL/min，不同体积的氢氧化钠将树脂转型水洗后再通入 360mL 卤水进行吸附，转型液体积水洗 1 中硼的水洗率的影响如表 5-6 所示。

表 5-6　转型液体积对水洗 1 中硼的水洗率的影响

氢氧化钠体积/mL	水洗 1 中硼的水洗率/%
30	7.2
40	3.2
50	2.2
60	1.1

由表 5-6 可知，氢氧化钠分别为 30mL、40mL、50mL、60mL 时，转型后树脂在水洗 1 过程中硼的水洗率分别为 7.2%、3.2%、2.2%、1.1%，而由静态实验的水洗 1 结果可知水洗率基本都维持在 0.6%～2.1%，考虑到实验过程中的误差以及各方面的因素，在此可设定当水洗 1 中硼的水洗率为 5%以下时，认为树脂已经基本转型完全。故在此当氢氧化钠用量为 40mL 以上时，树脂已经基本转型完全。与静态实验相比，静态实验中树脂是达到吸附饱和再进行解吸再进行转型，而在此树脂达到穿透点就进行解吸转型，因此，这里所用的碱量比静态实验所用的碱量要少。

5.3.5.2　流速对水洗 1 中硼的水洗率的影响

用 40mL 0.5mol/L 的氢氧化钠进行转型，不同流速下树脂转型、水洗后再通入 360mL 卤水进行吸附，流速对水洗 1 中硼的水洗率的影响如表 5-7 所示。

由表 5-7 可知，转型液流速为 2mL/min、4mL/min、6mL/min、8mL/min 时，水洗 1 中硼的水洗率分别为 8.2%、3.1%、1.8%、2.2%，因此选择流速为 4mL/min，此时转型后树脂在水洗 1 过程中硼的水洗率可降低到 5%以下，可认为树脂已经基本转型完全。

表 5-7　流速对水洗 1 中硼的水洗率的影响

流速/(mL/min)	时间/min	水洗 1 中硼的水洗率/%
2	20	8.2
4	10	3.1

续表

流速/(mL/min)	时间/min	水洗 1 中硼的水洗率/%
6	6.7	1.8
8	5	2.2

5.3.6　转型后的水洗（水洗 3）

水洗 3 的目的是洗涤残留在树脂层的碱液，因此选择流速与水洗 1 流速一致，即 40mL/min，每流出 50mL 取样，测定其 pH 值，结果如表 5-8 所示。

表 5-8　树脂转型后的水洗流出液中 pH 值的变化

标号	1	2	3	4	5	6
pH 值	13.4	12.1	10.7	9.3	8.7	7.7

由表 5-8 可以看出，随着水洗液的体积增大，流出液中的 pH 值逐渐降低，流出液体积在 200mL 之前，水洗液的 pH 值下降较快，在 200mL 以后，水洗液中下降较为缓慢，要将树脂洗至中性，需要大量的水，因此，在此处选择 pH 值为弱碱性情况下即可，即选用 200mL 的水进行转型后的水洗。

5.3.7　实验室扩大实验研究

在实验室小型实验的基础上进行实验室扩大实验，采用卤水初始硼浓度为 580mg/L，树脂量扩大到 2000mL。

5.3.7.1　动态吸附

卤水采取自下而上（逆流）进入树脂床的方法，改变卤水进样流速，取流出液硼浓度为 5mg/L 时为穿透点，将流出液用量筒分段接收，分析检测每份溶液的硼浓度，实验结果如图 5-12 及表 5-9 所示。

101

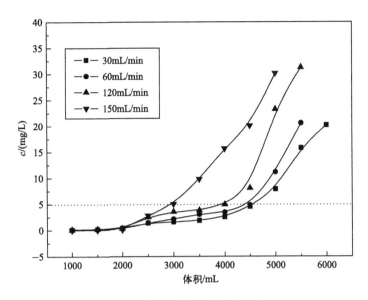

图 5-12 不同流速下树脂的吸附结果

表 5-9 不同流速下树脂的吸附效果

流速/(mL/min)	穿透体积/mL	穿透时间/min
30	9400	313.3
60	9200	153.3
120	8000	66.7
150	6000	40

由图 5-12 与表 5-9 可知，当流速为 30mL/min、60mL/min、120mL/min、150mL/min 时，所能处理的卤水体积分别为 9400mL、9200mL、8000mL、6000mL 左右，穿透时间分别为 313.3min、153.3min、66.7min、40min。综合所能处理的卤水体积及效率，120mL/min 时为较佳的流速。

5.3.7.2 吸附后的动态水洗（水洗 1）

水洗液采取自上而下（顺流）进入树脂床的方法，即从柱子上方通纯水，从柱子下方排出。由小试实验可知，树脂用量为 100mL 时，适宜的流速为 40mL/min，故当树脂用量扩大到 2000mL 时，流速扩大到 800mL/min，每流出 500mL 取样，实验结果如表 5-10 所示。

表 5-10　800mL/min 流速下流出液的各离子的浓度

标号	Mg^{2+}/(g/L)	Na^+/(mg/L)	K^+/(mg/L)	Li^+/(mg/L)
1	69.48	957.08	396.6	141.75
2	35.11	345.89	141.67	50.84
3	23.82	190.37	78.2	28.98
4	16.96	96.42	39.67	14.18
5	9.01	41.33	17	6.08
6	5.88	12.12	4.99	1.78
7	2.24	3.31	1.36	0.77
8	0.38	0.52	0.31	0.12

由表 5-10 可知，吸附后用 3600～4000mL 去离子水淋洗树脂后，流出液中基本上检测不出各种离子，即用 1.8～2 倍树脂体积的去离子水淋洗就基本上可以把树脂吸附的各种离子水洗下来，这与小型实验过程中吸附后的水洗结果一致。这是由于在吸附的过程中，卤水与树脂接触，树脂用量越多，树脂表面残余的卤水量也越多，因此需要更加多的洗水，所以洗水量与树脂用量存在有一定的比例关系。

同时可以看出，在第 5 个 500mL 时，水洗液中各种离子的含量已经非常少了，因此水洗过程可以分成两段，前段 2000mL 水洗液中各种离子含量较高，而后续 2000mL 水洗液中各种离子含量较低，可将后段 2000mL 水洗液收集起来重复利用，作为下次水洗实验中的前段水洗液。

5.3.7.3　动态解吸

解吸液采取自下而上（逆流）进入树脂床的方法，要充分考虑解吸效果、时间以及耗酸量之间的关系，采用 2800mL 0.5mol/L 的盐酸进行解吸，研究解吸流速对该柱子解吸效果的影响，实验结果如表 5-11 所示。

表 5-11　不同流速下的解吸结果

流速/(mL/min)	时间/min	解吸率/%
100	28	93.2

流速/(mL/min)	时间/min	解吸率/%
120	23.3	94.3
140	20	95.3
160	17.5	93.2
180	15.6	81.1
200	14	75.1

由表 5-11 可知，对于相同的酸量来说，流速对树脂的解吸效果有一定的影响，流速太快，解吸液与树脂的接触时间较短，解吸效果不佳，当时间为 17.5min 以上时，解吸率基本保持不变，因此本实验采取的流速为 160mL/min，此时解吸率为 93.2%，为了解吸充分，取最佳解吸时间为 20min。

5.3.7.4　解吸后的动态水洗（水洗 2）

水洗 2 实验中的水采取自上而下（顺流）进入树脂床的方法，水洗 2 过程中采用水洗 1 的流速，即流速为 800mL/min，将流出液用量筒分段接收，每 1000mL 取样，测定其 pH 值，结果如表 5-12 所示。

表 5-12　树脂解吸后的水洗流出液中 pH 值的变化

标号	1	2	3	4	5	6
pH 值	1.0	2.8	4.1	5.4	6.0	6.5

由表 5-12 可知，当流出液体积为 4000mL 时左右时，pH 值为 5～6，此时能够使得树脂层中残余的解吸液洗涤下来，考虑水洗 2 步骤水的用量以及后续转型过程中碱的消耗量，水洗液采用 4000mL 时即可，此时水洗过程中前 2000mL 可收集起来用于配置 0.5mol/L 的酸，而后 2000mL 的水可收集起来用于循环实验中水洗 2 过程中的前段水洗液。

5.3.7.5　动态转型

转型液采取自下而上（逆流）进入树脂床的方法，用 800mL 0.5mol/L 的氢氧化钠进行转型，不同流速下树脂转型后再将树脂放置卤水中进行吸附，流速对水洗 1 中硼的水洗率的影响如表 5-13 所示。

　　由表 5-13 可知，转型液流速设为 80mL/min，水洗 1 中硼的水洗率可降低到 5% 以下，因此可认为树脂已经基本转型完全。

表 5-13　流速对水洗 1 中硼的水洗率的影响

流速/(mL/min)	时间/min	水洗 1 中硼的水洗率/%
40	20	12.1
60	13.3	8.2
80	10	3.2
100	8	4.1
120	6.7	1.9

5.3.7.6　转型后的动态水洗（水洗 3）

　　当完成转型后，柱内树脂层中有残余的转型废液，需进行水洗以将多余的 NaOH 洗去，以防止下次循环时多余的氢氧根离子会与卤水里的镁离子结合形成胶状氢氧化镁沉淀物黏附在树脂上而使得卤水无法通过。水洗 3 实验中的水采取自上而下（顺流）进入树脂床的方法。水洗 3 过程中采用水洗 1 的流速即 800mL/min，将流出液用量筒分段接收，每流出 1000mL 取样，测定其 pH 值，结果如表 5-14 所示。

表 5-14　树脂转型后的水洗流出液中 pH 值的变化

标号	1	2	3	4	5	6
pH 值	13.4	12.2	10.6	9.4	8.8	7.9

　　由表 5-14 可知，当流出液体积为 4000mL 时左右时，pH 值为 9~10，即水洗量为 4000mL 能够使得树脂层中残余的碱液洗涤下来，此时水洗过程中前 2000mL 可收集起来用于配置 0.5mol/L 的氢氧化钠，而后 2000mL 的水可收集起来用于循环实验中水洗 3 过程中的前段水洗液以节省水的用量。

5.3.7.7　树脂的循环使用性能研究

　　为了更好地表明该树脂能够较好地在中试实验中应用，研究树脂在卤水循环使用过程中的性能，主要考察其吸附率以及解吸率，实验的操作工艺参数如表 5-15 所示，每次工序完成后都利用水循环式多用真空泵对树脂进行抽滤，即抽滤出吸附柱内残余的水分以免影响下一步骤。

表 5-15　实验室扩大实验最佳操作条件

工艺	溶液体积/mL	流速/(mL/min)	时间/min	温度
吸附	7000	120	58	室温
抽滤	—	—	2	室温
水洗 1	4000	800	5	室温
抽滤	—	—	2	室温
解吸	2800	160	17.5	室温
抽滤	—	—	2	室温
水洗 2	4000	800	5	室温
抽滤	—	—	2	室温
转型	800	80	10	室温
抽滤	—	—	2	室温
水洗 3	4000	800	5	室温
抽滤	—	—	2	室温

由表 5-15 可知，该条件下所能处理的卤水量为 3.5 倍树脂体积，水洗 1 过程中的水洗量为 2 倍树脂体积，解吸过程中 0.5mol/L 盐酸用量为 1.4 倍树脂体积。水洗 2 过程中的水洗量为 2 倍树脂体积，转型过程中 0.5 mol/L 氢氧化钠用量为 0.4 倍树脂体积，水洗 3 过程中的水洗量为 2 倍树脂体积。

具体操作步骤如下。

① 吸附：常温，XSC-700 树脂 2000mL，每批处理卤水体积 7000mL，控制卤水从下往上（逆流）流经树脂层，流速为 120mL/min，吸附时间为 58min。

② 抽滤：利用水循环式多用真空泵抽滤出吸附柱中的卤水，以免影响下一步骤，抽滤时间为 2min。

③ 水洗 1：常温，洗涤用水量为 4000mL，控制洗水从上往下（顺流）流经树脂层，流速为 800mL/min，水洗时间为 5min。

④ 抽滤：利用水循环式多用真空泵抽滤出吸附柱中的水，以免影响下一步骤，抽滤时间为 2min。

⑤ 解吸：常温，采用 0.5mol/L 的盐酸 2800mL 进行解吸负载树脂，控制解吸液从下往上（逆流）流经树脂层，流速为 160mL/min，解吸时间为 17.5min。

⑥ 抽滤：利用水循环式多用真空泵抽滤出吸附柱中的解吸液，以免影响下一步骤，抽滤时间为 2min。

⑦ 水洗 2：常温，洗涤用水量为 4000mL，控制洗水从上往下（顺流）流经树脂层，流速为 800mL/min，水洗时间为 5min。

⑧ 抽滤：利用水循环式多用真空泵抽滤出吸附柱中的水，以免影响下一步骤，抽滤时间为 2min。

⑨ 转型：常温，采用 0.5mol/L 的氢氧化钠 800mL 对树脂进行转型，控制转型液从下往上（逆流）流经树脂层，流速为 80mL/min，转型时间为 10min。

⑩ 抽滤：利用水循环式多用真空泵抽滤出吸附柱中的转型液，以免影响下一步骤，抽滤时间为 2min。

⑪ 水洗 3：常温，洗涤用水量为 4000mL，控制洗水从上往下（顺流）流经树脂层，流速为 800mL/min，水洗时间为 3min。

⑫ 抽滤：利用水循环式多用真空泵抽滤出吸附柱中的水，以免影响下一步骤，抽滤时间为 2min。

按照上述操作步骤进行实验，未采用转型处理工序以及采用转型处理工序的循环实验结果如表 5-16 及表 5-17 所示。

表 5-16　树脂未采用转型处理工序的循环实验结果

循环次数	吸附率/%	解吸率/%	水洗 1 中硼水洗率/%
2	93.1	98.2	18.3
4	94.5	95.5	15.2
6	96.3	96.2	19.6
8	95.2	98.3	17.2
10	92.3	99.1	20.3

表 5-17　树脂采用转型处理工序的循环实验结果

循环次数	吸附率/%	解吸率/%	水洗 1 中硼水洗率/%
2	98.3	96.2	2.3
4	96.2	95.4	2.8
6	96.6	98.4	3.3
8	97.2	95.2	1.7
10	98.1	99.3	4.8

从表 5-16 和表 5-17 可以看出，XSC-700 树脂在循环实验中，树脂未采用转型处理工序的循环实验结果中的吸附率比采用转型处理工序的循环实验结果的吸附率稍低，但基本都能稳定在 95％左右，同时两者的解吸率基本都稳定在 95％以上。然而，未采用转型处理工序中硼的水洗率较大，水洗过程中硼会损失，采用转型处理工序中硼的水洗率较小。

如需富集回收硼，则通过考察水洗过程中的硼损失率以及转型过程中碱的消耗量来确定是否需要进行转型，如果只是去除硼而不回收硼，树脂解吸过后可不进行转型而直接用于吸附硼。

总体来说，树脂不但对低硼卤水提硼有吸附选择性，还具有良好的循环性能，在实际应用中可大大节省树脂的使用量。

5.3.7.8　硼酸的制备

对解吸液中离子含量进行 ICP 全分析，结果如表 5-18 所示。

表 5-18　解吸液的 ICP 全分析

元素	含量/(μg/g)	元素	含量/(μg/g)	元素	含量/(μg/g)	元素	含量/(μg/g)
Hg	—	Mn	0.8	Nd	—	Ca	33.2
Se	0.4	Pt	0.07	Bi	4.3	Cu	2.5
Sn	1.4	Mg	102.3	Ni	0.2	La	0.7
Zn	2.1	V	1.1	Ta	—	Pd	
Sb	1.1	Al	8.2	Ga		Sc	

续表

元素	含量/(μg/g)	元素	含量/(μg/g)	元素	含量/(μg/g)	元素	含量/(μg/g)
Ce	—	Nb	—	Co	1.2	K	55.2
Pb	10.8	W	0.02	Fe	0.7	Ag	1.2
Cd	0.5	S	102.3	Cr	0.4	Ti	0.6
In	—	As	—	Si	72.9	Zr	0.4
Au	—	Mo	2.2	Na	52.4	Y	0.3
B		P	11.1	Be	—	Ba	3.1

由表 5-18 可知，解吸液中除硼以外，其他离子含量都较低，因此可以采用强制蒸发浓缩的方法制备硼酸产品，本实验控制溶液 pH<1，蒸发浓缩解吸液，常温下冷却结晶析出晶体，于 343K 下烘干 48h 可得到粗硼酸，通过多次洗涤、多次重结晶的方法可得出纯度较高的硼酸，此时硼酸的 ICP 分析结果及 XRD 图谱如表 5-19 及图 5-13 所示。

表 5-19　硼酸的 ICP 全分析

元素	含量/(μg/g)	元素	含量/(μg/g)	元素	含量/(μg/g)	元素	含量/(μg/g)
Hg	—	Mn	0.05	Nd	—	Ca	22.1
Se	0.1	Pt	0.07	Bi	3.1	Cu	0.1
Sn	0.2	Mg	63.2	Ni	0.2	La	0.2
Zn	0.9	V	0.02	Ta	—	Pd	—
Sb	1.1	Al	0.2	Ga		Sc	
Ce	—	Nb	—	Co	0.2	K	27.1
Pb	0.8	W	0.02	Fe	0.7	Ag	0.2
Cd	0.2	S	70.9	Cr	0.4	Ti	0.03
In	—	As	—	Si	0.9	Zr	0.04
Au	—	Mo	2.5	Na	42.4	Y	0.05
B		P	2.4	Be	—	Ba	0.01

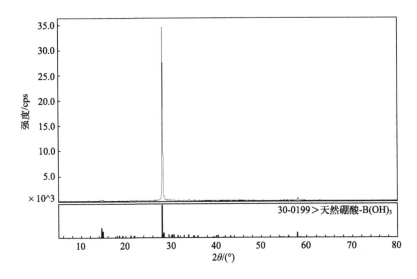

图 5-13 硼酸的 XRD 图谱

从图 5-13 可以看出，硼酸衍射波峰尖锐，而且未见其他明显的杂质相，说明硼酸结晶度好，晶胞结构完整，晶体结构有序性好[126]。

5.4 本章小结

① 实验室小型实验中，动态吸附过程较适宜的条件为溶液初始硼浓度 370～620mg/L，进样流速 1.5mL/min，树脂量 100mL。

② XSC-700 树脂对于 Mg^{2+}、Na^+、K^+、Li^+ 等离子吸附作用较小，这些离子很快就达到穿透，树脂对硼的选择性良好；吸附后较佳的水洗流速为 40mL/min，此时，用 2 倍树脂体积的去离子水淋洗就基本上可以把树脂吸附的各种离子水洗干净，其结果与静态实验基本一致。

③ 考虑到生产周期、耗酸量及解吸性能，采用 0.5mol/L 盐酸动态解吸的较适宜的条件为解吸流速 5～10mL/min 时，耗酸量 120～140mL，解吸时间 14～24min。解吸完后，用 200mL 的水进行解吸后的水洗可将树脂洗至弱酸性；采用 0.5mol/L 氢氧化钠动态转型的较适宜的条件为流速 4mL/min 时，耗碱量 40mL，转型时间 10min，用 200mL 的水进行转型后的水洗可将树脂层

中残余的碱液洗涤下来，以免其会与后续吸附过程中卤水中的 Mg^{2+} 发生反应。

④ 实验室扩大实验中，当树脂量扩大到 2000mL 时，综合所能处理的卤水体积及效率，120mL/min 时为较佳的流速；吸附后用 3600～4000mL 去离子水淋洗树脂后，可把树脂吸附的各种离子水洗下来；用 2800mL 0.5mol/L 的盐酸对树脂进行解吸，较佳流速为 160mL/min；当流出液体积为 4000mL 左右时能够将树脂洗至弱酸性；用 800mL 0.5mol/L 的氢氧化钠对树脂进行转型，较佳流速为 80mL/min；当水洗量为 4000mL 时能够将树脂洗至弱碱性。

⑤ 树脂未采用转型处理工序的循环实验结果中的吸附率比采用转型处理工序的吸附率稍低，但基本都能稳定在 95% 左右。然而，树脂未采用转型处理工序过程中硼的水洗率较大，采用转型处理工序过程中硼的水洗率较小。

⑥ 解吸液中除硼以外，其他离子含量都较低，通过强制蒸发浓缩的方法制备出的硼酸产品晶胞结构完整，晶体结构有序性好。

第 6 章

XSC-700 树脂对
卤水中硼的吸附中试实验

6.1　引言

本章在实验室扩大实验的基础上在现场进行中试实验，研究验证工艺流程在工业生产中的可行性，各项工艺参数的稳定性，为后续的工业试验及工业化应用提供必要的实验数据。

6.2　实验部分

根据实验室扩大实验的结果确定了中试的工艺路线，采用 XSC-700 树脂吸附分离硼。实验中发现，在用树脂吸附硼的过程中，会导致卤水中的锂有些损失。因此，中试实验方案采用先提锂后提硼的工序，并在新疆罗布泊国投罗钾公司建成一条生产 60kg/d 碳酸锂的中试实验线，每天生产 60kg 碳酸锂需要卤水 $56.8m^3$，因此中试实验利用硼树脂每天需处理吸附锂后的卤水 $56.8m^3$。根据实验室扩大实验结果中的每个循环周期需要 $2.3 \sim 2.4h$，每天进行 10 次循环，每次处理 $5.68m^3$ 卤水。

6.2.1　中试实验仪器设备及吸附连接装置示意图

中试实验中的硼吸附柱和各主要槽罐的设计技术参数如表 6-1 所示。

表 6-1　中试实验中的硼吸附柱和各主要槽罐的设计技术参数

设备名称	技术参数
硼吸附柱（两台）	$\phi600mm \times 2640mm$，$V=0.744m^3$，椭圆封头，长径比 4.4∶1，承受 2kg 压力
卤水储罐	$\phi2000mm \times 2100mm$，$V=6.6m^3$，平盖，平底
吸附后一次洗水罐	$\phi1300mm \times 1400mm$，$V=1.86m^3$，平盖，平底
吸附后二次洗水罐	$\phi1300mm \times 1400mm$，$V=1.86m^3$，平盖，平底
配酸罐	$\phi1500mm \times 1630mm$，$V=2.88m^3$，平盖，平底，带搅拌

设备名称	技术参数
解吸后一次洗水罐	$\phi 1300mm \times 1400mm$，$V=1.86m^3$，平盖，平底
解吸后二次洗水罐	$\phi 1300mm \times 1400mm$，$V=1.86m^3$，平盖，平底
转型碱液罐	$\phi 1500mm \times 1630mm$，$V=2.88m^3$，平盖，平底，带搅拌
转型后一次洗水罐	$\phi 1300mm \times 1400mm$，$V=1.86m^3$，平盖，平底
转型后二次洗水罐	$\phi 1300mm \times 1400mm$，$V=1.86m^3$，平盖，平底
脱硼卤水罐	$\phi 4200mm \times 5000mm$，$V=69m^3$，椭圆封头，平底
解吸液罐	$\phi 4000mm \times 4300mm$，$V=54m^3$，椭圆封头，平底

中试实验所用的硼吸附柱和各储罐均采用玻璃钢材质，管道连接为耐腐蚀的 PE 管，选用耐腐蚀材质的泵和阀门，除了表 6-1 中的硼吸附柱和各类槽罐外，其他主要设备包括空气压缩机、氟塑料磁力泵、离心泵、不锈钢隔膜耐压力表、三相异步电动机以及电热鼓风干燥箱等。

中试车间部分设备如图 6-1～图 6-3 所示。

图 6-1　吸附柱

(a)带搅拌的玻璃钢罐　　　　　　　　(b)普通玻璃钢罐

图 6-2　玻璃钢罐

图 6-3　部分解吸、转型、洗水玻璃钢罐

在初始设计的过程中，考虑到延长柱长可以更好地加大卤水与树脂的接触面，延长两者的接触时间，而吸附柱不宜过长，过长不易在厂房内摆放，因此设计为两根吸附柱，且将两根吸附柱采用串联的方式。然而在实验过程中发现，卤水黏度较大，需要较大功率的泵，用原本设计的泵，卤水根本打不上去。更换功率更大的泵后发现卤水可以打上去，但会造成柱子内部因为承受过大的压力而导致柱子发生漏水、漏气的现象。分析原因可能是由于串联时，连接柱子的管道过长，卤水黏度又大，因此需要较大的动力。经过改装调试，最后将两根吸附柱采用并联连接的方式（图 6-4），此时管道连接缩短，不需要过大功率的泵，柱内承受的压力不会过大，因此可解决柱子漏水、漏气等现象。

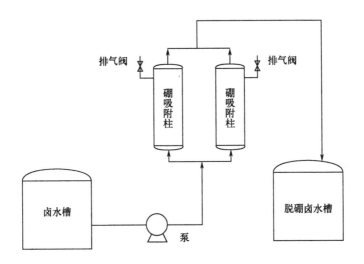

图 6-4　中试实验吸附连接装置示意

6.2.2　中试实验工艺流程

中试实验的工艺流程如图 6-5 所示。

6.2.3　中试工艺现场简介

中试实验在新疆罗布泊国投罗钾公司的车间内进行，原料为老卤卤水，把老卤卤水从老卤盐田中运输到中试车间的老卤储罐中储存备用。经过吸附-解吸得到的硼解吸液泵入硼酸盐田，利用盐田法蒸发浓缩制取硼酸。中试车间部分工艺现场如图 6-6 所示，老卤盐田和硼酸盐田如图 6-7 所示。

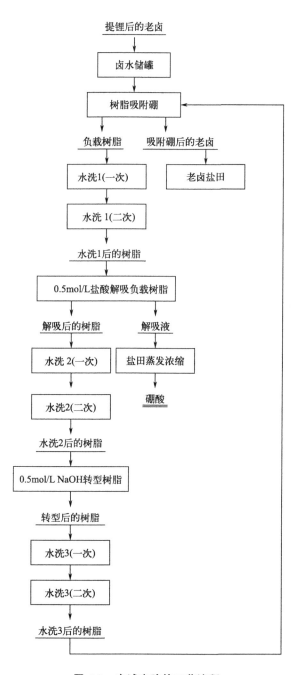

图 6-5　中试实验的工艺流程

图 6-6 中试车间部分工艺现场

(a)老卤盐田   (b)硼酸盐田

图 6-7 老卤盐田和硼酸盐田

6.3 结果与讨论

6.3.1 中试实验操作条件

由实验室扩大结果可知，该条件下所能处理的卤水量为 3.5 倍树脂体积，水洗 1 过程中的水洗量为 2 倍树脂体积，解吸过程中 0.5mol/L 盐酸用量为 1.4 倍树脂体积，水洗 2 过程中的水洗量为 2 倍树脂体积，转型过程中 0.5mol/L 氢氧化钠用量为 0.4 倍树脂体积，水洗 3 过程中的水洗量为 2 倍树脂体积。

根据此结果对中试实验条件进行放大，而由于实验室扩大实验中采用的是原卤水，中试过程中采用的是提锂后的卤水，在提锂过程中为了使卤水黏度降低而对卤水进行稀释，从而导致后续提硼过程中的初始硼浓度下降，在处理相同体积的卤水的量时，所使用的树脂量有所下降，提锂过程将卤水稀释了10%，导致初始硼浓度下降了约10%，树脂用量也相应地下降10%，故中试实验的树脂用量为：$(5.68/3.5) \times (1-10\%) = 1.461$（$m^3$），水洗、解吸、转型过程中考虑到管道内部会残留部分水而不能达到硼吸附柱，初步计算可能有 $0.25 \sim 0.3 m^3$ 的残留。在此按树脂体积为 $1.488 m^3$ 进行扩大计算，得出中试实验条件如表 6-2 所示。

表 6-2　中试实验条件

操作	溶液体积/m^3	流速/（m^3/h）	时间/min	温度
吸附	5.68	5.68	60	室温
压缩	—	—	5	室温
排气	—	—	1	室温
水洗 1（一次）	1.488	29.76	3	室温
水洗 1（二次）	1.488	29.76	3	室温
压缩	—	—	5	室温
排气	—	—	1	室温
解吸	2.112	6.336	20	室温
压缩	—	—	5	室温
排气	—	—	1	室温
水洗 2（一次）	1.488	29.76	3	室温
水洗 2（二次）	1.488	29.76	3	室温
压缩	—	—	5	室温
排气	—	—	1	室温
转型	0.5952	3.5712	10	室温
压缩	—	—	5	室温
排气	—	—	1	室温
水洗 3（一次）	1.488	29.76	3	室温

操作	溶液体积/m³	流速/（m³/h）	时间/min	温度
水洗 3（二次）	1.488	29.76	3	室温
压缩	—	—	5	室温
排气	—	—	1	室温

在整个操作过程中，流速通过调整阀门大小来控制，每次操作完毕后通过压缩空气机排出吸附柱中的溶液，以免残余的溶液影响下一步的操作，每次压缩完都进行排气，以免柱内压力过大造成柱子破裂。根据实验室扩大实验工艺条件优化试验结果，综合各方面的有利因素，调整各工艺参数，具体操作条件及步骤如下。

① 吸附：常温，每批处理卤水体积 5.68m³，控制卤水从下往上（逆流）流经树脂层，流速为 5.68m³/h，吸附时间为 60min，吸附后的卤水排放到脱硼卤水槽中。

② 压缩：压缩时间为 5min，将压缩出来的卤水排放到脱硼卤水槽中。

③ 排气：打开排气孔，将柱内的气体排出，排气时间约为 1min。

④ 水洗 1（一次）：常温，洗涤用水量为 1.488m³，控制洗水从上往下（顺流）流经树脂层，流速为 29.76m³/h，水洗时间为 3min，由于水洗 1（一次）中的硼含量较高，因此将其排放到老卤盐田中可回收硼。

⑤ 水洗 1（二次）：常温，洗涤用水量为 1.488m³，控制洗水从上往下（顺流）流经树脂层，流速为 29.76m³/h，水洗时间为 3min，收集水洗 1（二次）的水，作为下一次循环过程中的水洗 1（一次）用水。

⑥ 压缩：压缩时间为 5min，将压缩出来的水收集起来作为下一次循环过程中的水洗 1（一次）用水。

⑦ 排气：打开排气孔，将柱内的气体排出，排气时间约为 1min。

⑧ 解吸：常温，采用 0.5mol/L 的盐酸 2.112m³ 进行解吸负载树脂，控制盐酸从下往上（逆流）流经树脂层，流速为 6.336m³/h，解吸时间为 20min，将解吸液排放到解吸液槽中，以便后续集中打入硼酸盐田，蒸发浓缩制备硼酸。

⑨ 压缩：压缩时间为 5min，将压缩出来的解吸液排放到解吸液槽中，以便后续集中打入硼酸盐田，蒸发浓缩制备硼酸。

⑩ 排气：打开排气孔，将柱内的气体排出，排气时间约为 1min。

⑪ 水洗 2（一次）：常温，洗涤用水量为 1.488m^3，控制洗水从上往下（顺流）流经树脂层，流速为 29.76m^3/h，水洗时间为 3min，由于水洗 2（一次）中的硼含量较高，将其排放到解吸液槽中，以便后续集中起来蒸发浓缩制备硼酸。

⑫ 水洗 2（二次）：常温，洗涤用水量为 1.488m^3，控制洗水从上往下（顺流）流经树脂层，流速为 29.76m^3/h，水洗时间为 3min，收集水洗 2（二次）的水，作为下一次循环过程中的水洗 2（一次）用水。

⑬ 压缩：压缩时间为 5min，将压缩出来的水收集起来作为下一次循环过程中的水洗 2（一次）用水。

⑭ 排气：打开排气孔，将柱内的气体排出，排气时间约为 1min。

⑮ 转型：常温，采用 0.5mol/L 的氢氧化钠 0.5952m^3 对树脂进行转型，控制氢氧化钠从下往上（逆流）流经树脂层，流速为 3.5712m^3/h，转型时间为 10min，将转型后的液体排放到废液槽中。

⑯ 压缩：压缩时间为 5min，将压缩后的液体排放到废液槽中。

⑰ 排气：打开排气孔，将柱内的气体排出，排气时间约为 1min。

⑱ 水洗 3（一次）：常温，洗涤用水量为 1.488m^3，控制洗水从上往下（顺流）流经树脂层，流速为 29.76m^3/h，水洗时间为 3min，将压缩后的液体排放到废液槽中。

⑲ 水洗 3（二次）：常温，洗涤用水量为 1.488m^3，控制洗水从上往下（顺流）流经树脂层，流速为 29.76m^3/h，水洗时间为 3min，收集水洗 3（二次）的水，作为下一次循环过程中的水洗 3（一次）用水。

⑳ 压缩：压缩时间为 5min，将压缩出来的水作为下一次水洗 3（一次）用水。

㉑ 排气：打开排气孔，将柱内的气体排出，排气时间约为 1min。

其中，水洗 1、水洗 2、水洗 3 步骤均分为一次、二次，该目的是使得水资源能够充分利用，水洗 1（二次）、水洗 2（二次）、水洗 3（二次）的水可作为下一次循环过程中的水洗 1（一次）、水洗 2（一次）、水洗 3（一次）用水，而每次的水洗 1（二次）、水洗 2（二次）、水洗 3（二次）均采用新水。

按照以上步骤进行了 3 次实验，实验结果如表 6-3 所示。

表 6-3 中试实验条件下树脂性能的考察结果

次数	吸附率/%	解吸率/%	解吸液中的 Mg 含量/（g/L）
1	96.2	93.2	0.05
2	95.3	96.2	0.21
3	97.2	95.1	0.13

由表 6-3 可知，在根据实验室扩大实验参数调整的中试试验参数条件下的吸附率、解吸率均为 95%左右，且解吸液中的 Mg 含量较低，基本能够满足中试实验的要求，故该条件可用于后续的循环实验。

6.3.2 树脂的循环使用性能研究

根据实验室扩大实验可知，树脂转型与不转型其吸附率和解吸率基本都能保持在 90%以上。同时树脂转型与不转型，水洗 1 过程中的硼损失率不同，因此，在中试试验过程中，除了要考察在两者条件下树脂的吸附率及解吸率外，还需重点考察吸附后水洗 1 过程中硼的损失率，以便为后续对生产硼酸的成本及效益分析提供依据。

根据上述操作步骤，树脂在未采用转型处理以及采用转型处理工序下进行循环试验，对实验过程中的样品进行抽样分析，其实验结果如表 6-4 和表 6-5 所示。

表 6-4 树脂未采用转型处理工序的循环实验结果

循环次数	吸附率/%	解吸率/%	水洗 1 中硼水洗率/%	解吸液中的 Mg 含量/（g/L）
2	94.1	95.2	15.2	0.08
6	95.2	98.4	17.5	0.29
12	93.1	99.2	21.2	0.18
18	92.9	96.3	15.8	0.26

续表

循环次数	吸附率/%	解吸率/%	水洗 1 中硼水洗率/%	解吸液中的 Mg 含量/(g/L)
21	96.9	101.2	21.9	0.26
25	94.1	103.2	18.3	0.25
28	95.1	99.8	20.1	0.06
31	95.2	96.2	18.9	0.25
34	92.6	96.9	21.1	0.23
39	94.9	104.2	14.8	0.47

表 6-5　树脂采用转型处理工序的循环实验结果

循环次数	吸附率/%	解吸率/%	水洗 1 中硼水洗率/%	解吸液中的 Mg 含量/(g/L)
3	96.6	99.92	1.8	0.31
5	98.92	99.84	5.3	0.25
6	97.98	99.7	1.3	0.15
9	96.47	97.69	3.3	0.36
13	96.52	98.56	1.4	0.28
18	96.27	98.22	3.3	0.06
24	96.34	98.32	2.2	0.38
26	93.96	97.65	3.4	0.16
30	94.96	99.92	5.1	0.35
36	92.46	99.12	2.2	0.25

从表 6-4 和表 6-5 可知，树脂未采用转型处理以及采用转型处理工序下经过吸附和解吸后得到的解吸液中镁含量均较低，硼镁分离效果好，且各过程中对树脂的吸附率和解吸率变化不大，均可达到 90% 以上且相对较为平稳，有时候解吸率超过了 100%，这可能是由于实验误差导致。然而，树脂未进行转型处理工序的过程中硼的水洗率较大，采用转型处理工序的过程中硼的水洗率较小，这与实验室扩大实验结果基本一致。

中试实验结果充分说明树脂可从卤水中回收富集硼，随着交换柱的加大，硼的吸附率仍然较好，表明进一步加大离子交换柱以加大回收卤水中更多的硼是完全可行的。同时树脂具有良好的循环性能，在使用过程中原材料消耗少，成本低，其可选择回收卤水中的硼的技术完全可用于大规模生产，可彻底解决硼镁分离问题，分离出来的硼可以回收制备硼酸，这对我国高效、清洁、可持续开发利用盐湖硼资源具有重要的意义。

6.3.3 硼酸的制备

考虑到中试试验时间紧张，盐田蒸发需要更长的时间才能达到浓缩的效果，因此在此次中试实验中，采用强制蒸发浓缩的方法制备硼酸产品。本试验中把解吸液直接蒸发浓缩至含 $B(OH)_3$ 50g/L 以上，控制溶液 pH<1，常温下冷却结晶析出的硼酸过滤洗涤后，于 343K 下烘干 48h，可得出纯度较高的粗硼酸，中试实验中得到的粗硼酸产品的 ICP 分析结果如表 6-6 所示。

表 6-6　硼酸的 ICP 全分析

元素	含量/(μg/g)	元素	含量/(μg/g)	元素	含量/(μg/g)	元素	含量/(μg/g)
Hg	0.4	Mn	1.2	Nd	—	Ca	44.5
Se	1.4	Pt	—	Bi	7.2	Cu	2.9
Sn	4.8	Mg	123.8	Ni	3.3	La	1.0
Zn	5.0	V	1.1	Ta	—	Pd	—
Sb	5.7	Al	39.5	Ga	4.2	Sc	2.5
Ce	2.3	Nb	1.6	Co	1.7	K	52.1
Pb	12.1	W	13.2	Fe	64.9	Ag	1.6
Cd	1.3	S	101.2	Cr	5.0	Tl	1.4
In	—	As	3.0	Si	110.0	Zr	1.1
Au	—	Mo	1.7	Na	60.6	Y	0.5
B		P	18.0	Be	—	Ba	6.7

从表 6-6 可知，硼酸的杂质含量较少，其纯度较高。实验中的母液可以返回配制解吸酸液，滤液和洗涤液可返回至解吸液进行循环蒸发浓缩，硼酸的制取收率大于 85%，表明拟定的分离流程具有较好的工业化应用前景。硼酸的 XRD 图谱如图 6-8 所示。

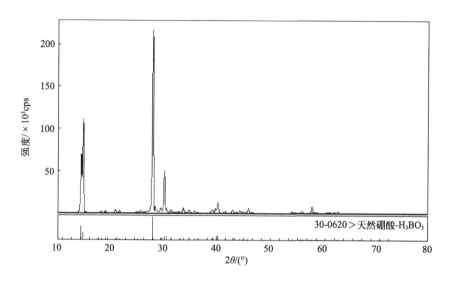

图 6-8　硼酸的 XRD 图谱

6.3.4　树脂寿命判断

树脂在多次使用后，由于反复的吸附、解吸、转型，经过一系列的酸洗和碱洗，树脂的结构或功能团可能会遭到一定的破坏，最终体现的结果就是树脂的吸附量下降，含水量有所增加等，通过比较新树脂以及多次使用后的树脂的 IR 谱图可判断官能团是否遭到破坏。

分别量取 10mL 离心甩干的新树脂和经过多次使用后的旧树脂放入 250mL 烧杯中，分别以 100mL 浓度约为 3.0g/L、pH＝10 的硼酸溶液为吸附溶液，在 298K 的恒温水浴中搅拌吸附 1h。取上清液，分析溶液中硼离子浓度的变化，对比新旧树脂的吸附量，同时检测新旧树脂的含水量，辅助性分析树脂的使用寿命。

新树脂和旧树脂的 IR 谱图对比分析见图 6-9。

由图 6-9 可以看出，图中所有的 IR 振动峰几乎没有差别，表明树脂的官能团结构变化不大，即在循环的吸附和解吸过程中，树脂结构没有被破坏。

对比新旧树脂在硼酸溶液中对硼的单位树脂吸附量，新树脂为 7.35mg/(mL 树脂)，旧树脂为 7.12mg/(mL 树脂)，差别不大；对比新旧树脂的含水量，

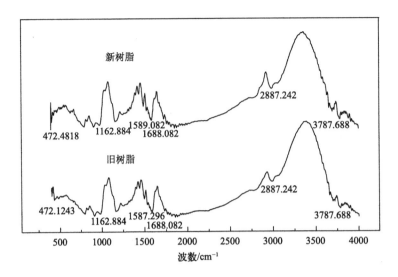

图 6-9　新树脂和旧树脂的 IR 谱图对比分析

新树脂为 48.2%，旧树脂为 53.4%。旧树脂的含水量较新树脂稍高，旧树脂含水量的增高可能是由于树脂多次使用后，树脂的结构较新树脂的致密性降低，因而含水量有所增加。从总体效果上来看，该树脂可循环多次使用而吸附量不受影响，具有较长的使用寿命。

6.3.5　生产硼酸的成本及效益分析

中试实验共用 1.461m³ 的树脂，树脂的湿真密度为 1.02～1.18g/L，取平均值为 1.1g/L，故所需树脂质量为 1.461/1.1≈1.3（t）。在吸附过程中，其磨损率按每次循环为 0.001% 进行计算，则循环一次中的吸附、解吸、转型过程的原料消耗量计算分别如表 6-7～表 6-9 所示。

表 6-7　吸附、水洗 1 过程中的原料消耗

原料	消耗量
树脂/kg	$1.3 \times 10^3 \times 0.001\% = 0.013$
水/m³	1.488
电/（kW·h）	24

表 6-8　解吸、水洗 2 过程中的原料消耗

原料	消耗量
36％盐酸/m³	$0.5/11.8 \times 2.112 \approx 0.0895$
水/m³	$[(1-0.5/11.8) \times 2.112+1.488] \approx 3.5105$
电/（kW·h）	13

表 6-9　转型、水洗 3 过程中的原料消耗

原料	消耗量
NaOH/kg	$0.5 \times 40 \times 10^{-3} \times 0.5952 \times 10^{3}=11.904$
水/m³	$0.5952+1.488=2.0832$
电/（kW·h）	10

水洗 1 中的硼没有进行回收而是排放到盐田，因此在整个的工艺过程中水洗 1 中的硼是损失掉的。树脂未采用转型处理及采用转型处理工序中分别按照硼水洗率平均为 20％、2％计算，初始硼含量平均为 500mg/L，吸附量平均为 95％，解吸率平均为 95％，制备硼酸过程中损失约为 5％，故树脂未采用转型处理工序中每次循环吸附的硼可以生产 $600 \times 10^{-3} \times 5.68 \times 80％ \times 95％ \times 95％ \times 95％ \times 61.8 \div 10.8 \approx 13.38$（kg）的硼酸；树脂采用转型处理工序中每次循环吸附的硼可以生产 $600 \times 10^{-3} \times 5.68 \times 98％ \times 95％ \times 95％ \times 95％ \times 61.8 \div 10.8 \approx 16.39$（kg）的硼酸。由此未采用转型处理及采用转型处理工序生产 1t 的硼酸分别需要 $1000/13.38 \approx 75$（个）、$1000/16.39 \approx 61$（个）循环。

如果采用盐田蒸发，树脂未采用转型处理及采用转型处理工序生产 1t 硼酸各种原料的消耗计算如表 6-10 所示，树脂未采用转型处理及采用转型处理工序生产 1t 硼酸的成本分析如表 6-11 和表 6-12 所示。

表 6-10　树脂未转型处理及转型处理工序下生产 1t 硼酸的原料消耗

原料	树脂未转型处理工序下的原料消耗量	树脂转型处理工序下的原料消耗量
树脂/kg	$0.013 \times 75 \approx 0.975$	$0.013 \times 61 \approx 0.793$

续表

原料	树脂未转型处理工序下的原料消耗量	树脂转型处理工序下的原料消耗量
36%盐酸/m³	0.0895×75≈6.71	0.0895×61≈5.46
NaOH/kg	0	11.904×61=726.144
水/m³	(1.488+3.5105)×75≈374.7	(1.488+3.5105+2.0832)×61≈431.83
电/(kW·h)	37×75=2775	47×61=2867

表 6-11　树脂未转型处理下生产 1t 硼酸的成本分析

原料	消耗量	单价/元	费用/元
树脂/kg	0.975	120	117
36%盐酸/m³	6.71	750	5032.5
NaOH/kg	0	3.08	0
水/m³	374.7	3	1124.1
电/(kW·h)	2775	0.4	1110
合计	—	—	7383.6

表 6-12　树脂转型处理工序下生产 1t 硼酸的成本分析

原料	消耗量	单价/元	费用/元
树脂/kg	0.793	120	95.16
36%盐酸/m³	6.46	750	4845
NaOH/kg	726.144	3.08	2236.5
水/m³	431.83	3	1295.5
电/(kW·h)	2867	0.4	1146.8
合计	—	—	9618.96

由表 6-11 和表 6-12 可知，中试实验中树脂未采用转型处理及采用转型处理工序下的硼酸生产成本（不包括工人工资）分别为 7383.6 元/吨、9618.96 元/吨，树脂未采取转型处理生产硼酸的成本比采取转型处理生产硼酸的成本相对较低，因此在以后的生产中树脂可不进行转型。

　　由于吸附后的水洗 1 过程中的一段洗水可以用于配置稀释吸附锂过程中的卤水（本项目在联合提锂、镁、硼过程中的提锂过程中，因为自制的锂离子吸附剂表面张力很大，而卤水太黏，会导致卤水中的锂较难吸附，因此采用稀释的方法来降低卤水的黏度，提高锂离子吸附剂的吸附量，此时可采用吸附后的水洗 1 过程中的洗水来对卤水进行稀释），解吸后的水洗 2 过程中的一段水洗可以用于配置 0.5mol/L 的盐酸，转型后的水洗 3 过程中的一段水洗可以用于配置 0.5mol/L 的氢氧化钠，同时如果在工业生产过程中采用三段或者四段洗水，还可以回收部分水，达到节约成本的目的。

　　因此，在计算生产硼酸的成本的过程中，还可以去除部分用水量的成本。尽管如此，生产硼酸的成本还是较高，如果采用强制蒸发浓缩制备硼酸，费用将更高，而硼酸的市场价格仅为 5500～6000 元/吨，因此采用离子交换法制备硼酸在经济上不是很合算。然而在提取卤水中的镁用于制备高品质的镁质化工材料的过程中，必须要采取降硼措施[19]，故采用该工艺在"罗布泊盐湖高镁/锂比老卤卤水联合提取镁锂硼"的整个工艺过程中，在达到除硼的效果的同时，综合回收硼酸，可达到卤水资源综合利用的目的。

6.4　本章小结

　　① 根据实验室扩大实验的结果确定的中试的工艺参数，每天进行 10 次循环，每次处理 5.68m³ 卤水，每天处理 56.8m³ 卤水，所需树脂质量为 1.3t；吸附流速（逆流）为 5.68m³/h，吸附时间为 60min；采用 0.5mol/L 的盐酸 2.112m³ 对负载树脂进行解吸，流速为 6.336m³/h，解吸时间为 20min；采用 0.5mol/L 的氢氧化钠 0.5952m³ 对树脂进行转型，流速（逆流）为 3.5712m³/h，转型时间为 10min；每次吸附、解吸、转型后分两次水洗，每次的水洗量为 1.448m³，流速（顺流）均为 29.76m³/h，水洗时间均为 3min。

　　② 中试实验的循环实验结果中，无论是未转型的还是转型后的树脂的吸附率和解吸率均基本保持稳定，充分说明树脂具有良好的循环性能，转型后的树脂在水洗过程中硼的水洗率比未转型的树脂在水洗过程中硼的水洗率小，这些均与实验室扩大实验中的循环实验结果基本吻合。

③ 硼酸的 XRD、ICP 结果表明该硼酸结晶度好，纯度高。对比新旧树脂的 IR 图可以看出，树脂的官能团结构没有发生变化，且新旧树脂的吸附量、含水量变化都不大，表明该树脂具有较长的使用寿命，可循环多次使用。

④ 未采取转型处理生产 1t 硼酸的成本比采取转型处理生产 1t 硼酸的成本相对较低，因此在以后的生产中树脂可不进行转型。

后记

本书针对现行从盐湖卤水中提取、去除硼的方法的优缺点，选择了具有操作简单、不会产生二次污染等特点的离子交换法应用于盐湖卤水提硼，得出以下结论。

① 研究了 XSC-700、D564、D403 等树脂在模拟液中对硼的吸附性、解吸性、稳定性、选择性等因素，结果表明：XSC-700 树脂在适宜的条件下比 D403、D564 树脂对溶液中的硼的吸附能力强。模拟液中 Mg^{2+}、K^+、Na^+、Li^+ 等其他金属离子对 D403、D564、XSC-700 树脂吸附硼都有影响。去离子水很难将吸附在树脂上的硼水洗下来，很容易将吸附在树脂上的 Mg^{2+}、K^+、Na^+、Li^+ 等离子洗下来，XSC-700 树脂的选择性最佳；酸溶液有利于解吸反应的进行，在适宜的条件下，盐酸和硫酸溶液对硼的解吸率均大于 95%。与 D403、D564 树脂相比，XSC-700 树脂具有较好的机械稳定性、化学稳定性和热稳定性。

② 以新疆罗布泊盐湖卤水为原料，采用静态吸附法考察了 XSC-700 树脂在卤水中对硼离子的吸附性能、水洗性能、解吸性能、转型性能等，结果表明：树脂对硼离子的吸附量随初始硼浓度和温度的增加而增加；pH 对树脂吸附性能的影响显著，吸附能力随 pH 的升高而提高；搅拌速率对其影响很小；树脂对硼的吸附率随着树脂用量的增加而增加，但单位树脂的吸附量下降；树脂对卤水中常见的离子如 Mg^{2+}、K^+、Na^+、Li^+ 等吸附量不大，对硼离子具有优良的选择吸附性，不带入二次污染；吸附完后用 10mL 的去离子水水洗负载树脂，可以有效分离硼与卤水中的其他离子。5mL 吸附饱和进行解吸的适宜条件：解吸液用量为 20mL 0.5mol/L 的盐酸，解吸时间为 20min，解吸温度为常温。将 5mL 解吸水洗后进行转型的适宜条件：转型剂用量为 6mL 0.5mol/L 的氢氧化钠，转型时间为 10min，转型温度为常温。

③ 不同温度、不同初始硼浓度、不同树脂用量等条件下采用准一级反应

动力学模型、准二级反应动力学模型和颗粒内扩散模型对 XSC-700 树脂吸附硼进行动力学模拟,结果表明:XSC-700 树脂对硼的吸附过程符合准二级吸附交换动力学模型。随着温度的升高,反应速率有所增大,计算出反应活化能为 6.527kJ/mol;Langmuir 和 Freundlich 等温方程与实验数据拟合的都较好,但 Langmuir 等温方程比 Freundlich 方程能更准确地描述树脂吸附硼的过程;在 298~353K 下,树脂吸附硼的 ΔG 均小于零,随着温度的升高,ΔG 的绝对值由 6.66kJ/mol 逐渐增加到 8.40kJ/mol,但是增加的不是很大,表明温度越高,吸附过程自发趋势越大,但影响不是很大;吸附焓变 ΔH 为 2.84kJ/mol,大于零,表明吸附过程是吸热反应,升温有利于吸附;ΔS 为 31.83J/(mol·K),表明吸附是个熵增加的过程。

④ 通过 XSC-700 树脂对卤水中硼的动态离子交换性能的研究,考察了流速、初始硼浓度、树脂体积等对穿透曲线的影响,同时对不同解吸条件下解吸硼的效果进行了讨论,结果表明:吸附的较佳条件为树脂用量 100mL,卤水流速 1.5mL/min,卤水中初始硼浓度 370~620mg/L;吸附后各流速下的水洗结果表明,随着洗水流速的增大,各种离子下降速度稍微有所减慢,所需的水量稍微有所增多,较佳流速为 40mL/min,用 200mL 去离子水淋洗基本上可以把树脂吸附的各种离子水洗干净;树脂经 0.5mol/L 盐酸溶液解吸,解吸液流速越低,解吸峰越窄、越高,解吸效果越好,解吸越充分彻底;解吸时解吸液流速应控制在 5~10mL/min,此时所需的酸量为 120~140mL,解吸时间为 14~24min;用 200mL 去离子水进行解吸后的水洗可将树脂洗到 pH 为弱酸性;采用 0.5mol/L 氢氧化钠对树脂进行转型,当转型流速为 4mL/min、用量为 40mL 以上时,可将树脂转型完全;用 200mL 去离子水进行转型后的水洗可将树脂洗到 pH 为弱碱性。

⑤ 实验室扩大实验结果表明:当树脂量扩大到 2000mL 时,综合所能处理的卤水体积及效率,120mL/min 时为较佳的流速;吸附后用 3600~4000mL 去离子水淋洗树脂后,可把树脂吸附的各种离子水洗下来;用 2800mL 0.5mol/L 的盐酸对树脂进行解吸,较佳流速为 160mL/min;当流出液体积为 4000mL 时左右时能够将树脂洗至弱酸性;用 800mL 0.5mol/L 的氢氧化钠对树脂进行转型,较佳流速为 80mL/min;当水洗量为 4000mL 时能够将树脂洗

至弱碱性；对树脂进行循环实验，树脂未采用转型处理工序的循环实验结果中的吸附率比树脂采用转型处理工序的循环实验结果的吸附率稍低，但基本都能稳定在95%左右。然而，树脂未采用转型处理工序过程中硼的水洗率较大，树脂采用转型处理工序过程中硼的水洗率较小。解吸液中除硼以外，其他离子含量都较低，通过强制蒸发浓缩的方法制备出的硼酸产品晶胞结构完整，晶体结构有序性好。

⑥ 中试实验循环实验结果表明：根据实验室扩大实验的结果确定的中试的工艺参数，每天进行 10 次循环，每次处理 5.68m³ 卤水，每天处理 56.8m³ 卤水，所需树脂质量为 1.3t；吸附流速（逆流）为 5.68m³/h，吸附时间为 60min；采用 0.5mol/L 的盐酸 2.112m³ 对负载树脂进行解吸，流速为 6.336m³/h，解吸时间为 20min；采用0.5mol/L 的氢氧化钠 0.5952m³ 对树脂进行转型，流速（逆流）为 3.5712m³/h，转型时间为 10min；每次吸附、解吸、转型后分两次水洗，每次的水洗量为 1.448 m³，流速（顺流）均为 29.76m³/h，水洗时间均为 3min。中试实验的循环实验结果中，无论是未转型后的还是转型后的树脂的吸附率和解吸率均基本保持稳定，充分说明树脂具有良好的循环性能，转型后的树脂在水洗过程中硼的水洗率比未转型后的树脂在水洗过程中硼的水洗率小，这些均与实验室扩大实验中的循环实验结果基本吻合。根据吸附-离子交换-蒸发浓缩组合工艺设计，用本工艺制备的硼酸的 XRD、ICP 结果表明，该硼酸结晶度好，纯度高。对比新旧树脂的 IR 图可以看出，树脂的官能团结构没有发生变化，且新旧树脂的吸附量、含水量变化都不大，表明该树脂具有较长的使用寿命，可循环多次使用。中试试验中树脂未采取转型处理生产 1t 硼酸的成本比采取转型处理生产 1t 硼酸的成本相对较低，因此在以后的生产中树脂可不进行转型。

总之，采用该工艺在"罗布泊盐湖高镁/锂比老卤卤水联合提取镁锂硼"的整个工艺过程中，既可以达到除硼的效果，同时可以综合回收硼酸，达到卤水中硼、镁、锂等资源综合利用的目的。

参考文献

[1] 郑学家. 硼化合物生产与应用. 北京:化学工业出版社, 2007.

[2] 王太明. 硼在冶金和材料科学的应用. 北京:冶金工业出版社, 1987.

[3] 武汉大学, 吉林大学, 等. 无机化学. 3版:下册. 北京:高等教育出版, 1994.

[4] 陶连印, 郑学家. 硼化合物的生产与应用. 成都:成都科技大学出版社, 1992.

[5] 王彦强. 硼元素在化工生产中的应用 [J]. 化工之友, 1998 (1):10.

[6] 司徒杰生. 化工产品手册. 3版:无机化工产品. 北京:化学工业出版社, 1999.

[7] 晓非. 世界硼矿资源及开发利用近况 [J]. 化工矿物与加工, 1999 (8):21.

[8] 李钟模. 我国硼矿资源开发现状 [J]. 化工矿物与加工, 2003 (9):38.

[9] 施春辉, 王立林, 吕品, 程恩庆. 我国硼酸生产现状及发展建议 [J]. 当代化工, 2018, 47 (09):1948-1951.

[10] Liu W G, Xiao Y K, Peng Z C, et al. Boron concentration and isotopic composition of halite from experiments and salt lakes in the Qaidam Basin [J]. Geochimica et Cosmochimica Acta, 2000, 64 (13):2177-2183.

[11] 曹兆汉. 智利阿塔卡码盐湖及开发利用 [J]. 盐湖研究, 1988 (2):45-52.

[12] 韩井伟, 韦法强. 从盐湖矿中提取硼的研究进展 [J]. 盐湖研究, 2007, 15 (2):57-60.

[13] 高仕扬, 杨存道, 黄师强. 从大柴旦盐湖卤水中分离提取钠盐、钾盐、硼酸和锂盐 [J]. 盐湖研究, 1988 (1):17-26.

[14] 郭光远. 青海大柴旦硼资源开发现状和前景 [J]. 化工矿物与加工, 2006 (2):1-3.

[15] 郑喜玉, 张明刚, 李秉孝, 等. 中国盐湖志. 北京:科学出版社, 2002:130.

[16] 高世杨, 杨存道, 黄师强. 从大柴旦盐湖卤水中分离提取钠盐、钾盐、硼酸和锂盐 [J]. 盐湖研究, 1988 (1):17-26.

[17] 张彭熹. 中国盐湖自然资源及其开发利用. 北京:科学出版社, 1999.

[18] 李海民, 程怀德, 张全有. 卤水资源开发利用技术述评 (续完) [J]. 盐湖研究, 2004 (1):62-72.

[19] Yilmaz I, Kabay N, Brjyak M, et al. A submerged membrane-ion-exchange hybrid process for boron removal [J]. Desalination, 2006, 198 (1-3):310-315.

[20] 王路明. Mg (OH)$_2$ 对海水中硼的吸附效果 [J]. 海湖盐与化工, 2003, 32 (5):5-7.

[21] 王路明. Mg (OH)$_2$ 和树脂联合吸附法制取低硼镁砂的研究 [J]. 海湖盐与化工, 1994, 24 (1):14-16.

[22] 顾黎. 环境中硼及其生物作用 [J]. 国外医学、医学地理分册, 2000, 21 (2):95.

[23] Col M, Col C. Environmental boron contamination in waters of Hisarcik area in the Kutahya Province of Turkey [J]. Food and Chemical Toxicology, 2003, 41 (10):1417-1420.

[24] Hunt C D. Dietary boron: An overview of the evidence for its role in immune function [J]. Journal of Trace Elements in Experimental Medicine, 2003, 16 (4):291-306.

［25］ Weir Jr R J, Fisher R S. Toxicologic studies on borax and boric acid［J］. Toxicology and Applied Pharmacology, 1972, 23（3）: 351-364.

［26］ Garcia-Soto D D, Camacho E M. Boron removal from industrial wastewaters by ion exchange: an analytical control parameter［J］. Desalination, 2005, 181（1-3）: 207-216.

［27］ Melnyk L, Goncharuk V, Butnyk I, et al. Boron removal from natural and wastewaters using combined sorption/membrane process［J］. Desalination, 2005, 185（1-3）: 147-157.

［28］ Boron Environmental Health Criteria 204［S］. Geneva: World Health Organization, 1998.

［29］ Çöl M, Çöl C. Environmental boron contamination in waters of Hisarcik area in the Kutahya Province of Turkey［J］. Food and Chemical Toxicology, 2003, 41（10）: 1417-1420.

［30］ Simonnot M O, Castel C, Nicolaï M, et al. Boron removal from drinking water with a boron selective resin: is the treatment really selective?［J］. Water research, 2000, 34（1）: 109-116.

［31］ Nadav N, Priel M, Glueckstern P. Boron removal from the permeate of a large SWRO plant in Eilat［J］. Desalination, 2005, 185（1-3）: 121-129.

［32］ Okay O, Güçlü H, Soner E, et al. Boron pollution in the Simav River, Turkey and various methods of boron removal［J］. Water research, 1985, 19（7）: 857-862.

［33］ 贾永衷. 硼酸盐水溶液振动光谱和硼酸盐物理化学［D］. 兰州: 兰州大学, 2000.

［34］ 张金才. 盐湖浓缩卤水提硼的部分实验研究［D］. 青海: 中国科学院, 2005.

［35］ 杨鑫, 徐徽, 陈白珍, 等. 盐湖卤水硫酸法提取硼酸的工艺研究［J］. 湖南师范大学（自然科学学报）, 2008, 31（1）: 72-77.

［36］ 李武, 杨存道, 高世杨, 等. 盐卤硼酸盐化学盐湖卤水酸化过程中硼酸生长速率［J］. 盐湖研究, 1995, 3（3）: 23-27.

［37］ Matsumotom M, Kondo K, Hirata M, et al. Recovery of boric acid from wastewater by solvent extraction［J］. Separation Science and Technology, 1997（32）: 983-991.

［38］ 唐明林, 邓天龙, 杨建元, 等. A1416 从选硼后母液中萃取硼酸研究［J］. 盐湖研究, 1994, 2（1）: 63-66.

［39］ 韩井伟. 从提锂后盐湖卤水中萃取提硼的新工艺研究［D］. 青海: 中国科学院, 2007.

［40］ 崔荣旦, 王国莲, 黄师强. 2-乙基己醇从盐湖卤水中萃取硼酸［J］. 盐湖研究, 1990（4）: 16-21.

［41］ 唐明林, 邓天龙, 廖梦霞. 沉淀法从盐后母液中提取硼酸的研究［J］. 海湖盐与化工, 1993（5）: 17-19.

［42］ Opiso E, Sato T, Yoneda T. Adsorption and co-precipitation behavior of arsenate, chromate, selenate and boric acid with synthetic allophane-like materials［J］. Journal of Hazardous Materials, 2009, 170（1）: 79-86.

［43］ 魏新俊, 王永浩. 自卤水中同时沉淀硼锂的方法［P］. CN1249272A, 2000.

［44］ 杨存道, 贾优良, 李君势. 从盐湖卤水结晶硼酸的新工艺研究［J］. 化学工程, 1992（3）: 22-27.

135

[45] Inukai Y, Tanaka Y, Matsuda T, et al. Removal of boron（Ⅲ）by *N*-methylglucamine-type cellulose derivatives with higher adsorption rate [J]. Analytica Chimica Acta, 2004, 511（2）: 261-265.

[46] Geffen N, Semiat R, Eisen M S, et al. Boron removal from water by complexation to polyol compounds [J]. Journal of Membrane Science, 2006, 286（1-2）: 45-51.

[47] Gazi M, Bicak N. Selective boron extraction by polymer supported 2-hydroxyethylamino propylene glycol functions [J]. Reactive & Functional Polymers, 2007, 67（10）: 936-942.

[48] Rodriguez-Lopez G, Marcos M D, Martinez-Manez R, et al. Efficient boron removal by using mesoporous matrices grafted with saccharides [J]. Chemical Communications, 2004（19）: 2198-2199.

[49] 闫春燕, 伊文涛, 马培华, 等. Mg/Al 型水滑石吸附硼的实验研究 [J]. 离子交换与吸附, 2009, 25（3）: 233-240.

[50] 刘茹. 海水淡化后处理吸附法除硼研究 [D]. 大连: 大连理工大学, 2006.

[51] Ozturk N, Kavak D. Adsorption of boron from aqueous solutions using fly ash: Batch and column studies [J]. Journal of Hazardous Materials, 2005, 127（1-3）: 81-88.

[52] 王丽娜, 齐涛. 新型硼螯合树脂的合成及其对盐湖卤水中硼的吸附 [J]. 过程工程学报, 2004, 4（12）: 501-507.

[53] Cengeloglu Y, Tor A, Arslan G, et al. Removal of boron from aqueous solution by using neutralized red mud [J]. Journal of Hazardous Materials, 2007, 142（1-2）: 412-417.

[54] Ferreira O P, de Moraes S G, Durán N, et al. Evaluation of boron removal from water by hydrotalcite-like compounds [J]. Chemosphere, 2006, 62（1）: 80-88.

[55] del Mar de la Fuente García-Soto M, Camacho E M. Boron removal by means of adsorption with magnesium oxide [J]. Separation and Purification Technology, 2006, 48（1）: 36-44.

[56] Jacob C. Seawater desalination: Boron removal by ion exchange technology [J]. Desalination, 2007, 205（1-3）: 47-52.

[57] Yurdakoc M, Seki Y, Karahan S, et al. Kinetic and thermodynamic studies of boron removal by Siral 5, Siral 40, and Siral 80 [J]. Journal of Colloid and Interface Science, 2005, 286（2）: 440-446.

[58] Kabay N, Yilmaz I, Yamac S. Removal and recovery of boron from geothermal wastewater by selective ion-exchange resins [J]. Desalination, 2004（167）: 427-438.

[59] 车容睿. 离子交换技术在提硼中的应用 [J]. 天津化工, 1992（2）: 32-37.

[60] 王丽娜, 齐涛, 李会泉, 等. 新型硼螯合树脂的合成及其对盐湖卤水中硼的吸附 [J]. 过程工程学报, 2004, 4（6）: 502-507.

[61] Senkal B F, Bicak N. Polymer supported iminodipropylene glycol functions for removal of boron [J]. Reactive & Functional Polymers, 2003, 55（1）: 27-33.

[62] Yan C Y, Yi W T, Ma P H, et al. Removal of boron from refined brine by using selective ion ex-

change resins [J]. Journal of Hazardous Materials, 2008, 154 (1-3): 564-571.

[63] Kabay N, Sarp S, Yuksel M, et al. Removal of boron from seawater by selective ion exchange resins [J]. Reactive & Functional Polymers, 2007, 67 (12): 1643-1650.

[64] Bicak N, Gazi M, Senkal B F. Polymer supported amino *bis*- (*cis*-propan 2, 3 diol) functions for removal of trace boron from water [J]. Reactive & Functional Polymers, 2005, 65 (1-2): 143-148.

[65] Hilal N, Kim G J, Somerfield C. Boron removal from saline water: A comprehensive review [J]. Desalination, 2011, 273 (1): 23-35.

[66] 孟令宗, 邓天龙. 制取硼酸的相图工艺过程解析 [J]. 盐业与化工, 2007, 37 (1): 18-21.

[67] 钱国强, 林雪, 何炳林. 硼酸与多羟基化合物的反应及硼选择性树脂 [J]. 离子交换与吸附, 1994, 10 (4): 375-382.

[68] US, 2813838 [P]. 1957.

[69] RO, 81229 [P]. 1983.

[70] 赵振国. 吸附作用原理 [M]. 北京: 化学工业出版社, 2005.

[71] Hass. Boron removal and Brine softening with Amberlite resins [J]. Ion Exchange Resins, 2003: 1-4.

[72] Liu H N, Ye X S, Li Q, et al. Boron adsorption using a new boron-selective hybrid gel and the commercial resin D564 [J]. Colloids and Surfaces a-Physicochemical and Engineering Aspects, 2009, 341 (1-3): 118-126.

[73] Schilde U, Uhlemann E. Extraction of boric acid from brines by ion exchange [J]. International Journal of Mineral Processing, 1991, 32 (3-4): 295-309.

[74] 肖应凯, 刘卫国, 肖云, 等. 硼特效树脂离子交换法分离硼的研究 [J]. 盐湖研究, 1997, 5 (2): 1-6.

[75] 孔亚杰, 李海民, 韩丽娟, 等. D403 树脂从盐湖卤水中提取硼酸的探索试验 [J]. 无机盐工业, 2006 (7): 42-43.

[76] 李文强. 大柴旦卤水中硼的提取 [J]. 光谱实验室, 2006, 23 (4): 872-874.

[77] 朱昌洛, 田喜林. D564 与液体矿提硼 [J]. 矿产综合利用, 2000 (2): 4-6.

[78] 王美玲, 邹从沛, 刘晓珍, 等. XSC-700 树脂对硼酸吸附性能的研究 [J]. 核动力工程, 2007 (S1): 91-94.

[79] 钱庭宝, 刘维林. 离子交换树脂应用手册 [M]. 天津: 南开大学出版社, 1989.

[80] 夏笃伟. 离子交换树脂 [M]. 北京: 化学工业出版社, 1983.

[81] Arias M F C, Bru L V i, Rico D P, et al. Comparison of ion exchange resins used in reduction of boron in desalinated water for human consumption [J]. Desalination, 2011, 278 (1-3): 244-249.

[82] 中华人民共和国国家技术监督局. 离子交换树脂预处理方法 (GB/T 5476—1996) [M]. 北京: 中国标准出版社, 1996.

［83］ 中华人民共和国国家标准局. 离子交换树脂含水量测定方法（GB 5757—86）［M］. 北京：中国标准出版社，1986.

［84］ 中华人民共和国国家质量监督检验检疫总局. 离子交换树脂渗磨圆球率、磨后圆球率的测定方法（GB/T 12598—2001）［M］. 北京：中国标准出版社，2001.

［85］ Ozturk N, Kose T E. Boron removal from aqueous solutions by ion-exchange resin: Batch studies ［J］. Desalination, 2008, 227（1-3）: 233-240.

［86］ Kabay N, Yilmaz-Ipek I, Soroko I, et al. Removal of boron from Balcova geothermal water by ion exchange-microfiltration hybrid process ［J］. Desalination, 2009, 241（1-3）: 167-173.

［87］ 孙健程. D201 离子交换树脂分离钒、磷、硅的应用基础研究［D］. 长沙：中南大学，2008.

［88］ 钱国强，林雪，何炳林. 硼酸与多羟基化合物的反应及硼酸选择性树脂［J］. 离子交换与吸附，1994，10（4）：375-382.

［89］ Kabay N, Yilmaz I, Yamac S, et al. Removal and recovery of boron from geothermal wastewater by selective ion exchange resins. I. Laboratory tests ［J］. Reactive & Functional Polymers, 2004, 60: 163-170.

［90］ Boncukcuoǧlu R, Kocakerim M M, Kocadaǧistan E, et al. Recovery of boron of the sieve reject in the production of borax ［J］. Resources, Conservation and Recycling, 2003, 37（2）: 147-157.

［91］ Yilmaz A E, Boncukcuoglu R, Yilmaz M T, et al. Adsorption of boron from boron-containing wastewaters by ion exchange in a continuous reactor ［J］. Journal of Hazardous Materials, 2005, 117（2-3）: 221-226.

［92］ Badruk M, Kabay N, Demircioglu M. Removal of boron from wastewater of geothermal power plant by selective ion-exchange resins. I. Batch sorption-elution studies ［J］. Separation Science and Technology, 1999, 34（13）: 2553-2569.

［93］ Xiao Y K, Wang L. The effect of pH and temperature on the isotopic fractionation of boron between saline brine and sediments ［J］. Chemical Geology, 2001, 171（3-4）: 253-261.

［94］ Pastor M R, Ruiz A F, Chillon M F, et al. Influence of pH in the elimination of boron by means of reverse osmosis ［J］. Desalination, 2001, 140（2）: 145-152.

［95］ Ingri N, Lagerstrom G, Frydman M. Equilibrium studies of polyborates in $NaClO_4$ medium ［J］. Acta Chemica Scandinavica, 1957, 11: 1034-1058.

［96］ 张爱芸，曹敏. 含硼卤水热力学研究［M］. 哈尔滨：哈尔滨工程大学出版社，2007.

［97］ Miyazaki Y, Matsuo H, Fujimori T, et al. Interaction of boric acid with salicyl derivatives as an anchor group of boron-selective adsorbents ［J］. Polyhedron, 2008, 27（13）: 2785-2790.

［98］ Garcia-Soto M D D, Camacho E M. Boron removal by processes of chemosorption ［J］. Solvent Extraction and Ion Exchange, 2005, 23（6）: 741-757.

［99］ Sahin S. A mathematical relationship for the explanation of ion exchange for boron adsorption ［J］. Desalination, 2002, 143（1）: 35-43.

［100］ Köse T E, Öztürk N. Boron removal from aqueous solutions by ion-exchange resin: Column sorption-elution studies [J]. Journal of Hazardous Materials, 2008, 152 (2): 744-749.

[101] Williams D H, Fleming I. 有机化学中的光谱方法 [M]. 王剑波, 施卫峰, 译. 北京: 北京大学出版社, 2001.

[102] 闫春燕, 伊文涛, 马培华, 等. 硼特效树脂吸附硼的动力学研究 [J]. 离子交换与吸附, 2008, 24 (3): 200-207.

[103] 姜志新. 离子交换动力学及其应用 (上) [J]. 离子交换与吸附, 1989, 5 (1): 54-73.

[104] 姜志新. 离子交换动力学及其应用 (下) [J]. 离子交换与吸附, 1989, 5 (3): 221-233.

[105] Recep Boncukcuo G, Erdem Yilmaz A, Muhtar Kocakerim M. An empirical model for kinetics of boron removal from boron -containing wastewaters by ion exchange in a batch reactor [J]. Desalination, 2004, 160 (2): 159-166.

[106] 阿部光雄. 当代离子交换技术 [M]. 王方, 等编译. 北京: 化学工业出版社, 1993.

[107] 王方. 离子交换应用技术 [M]. 北京: 科学技术出版社, 1990.

[108] Boncukcuoglu R, Yilmaz A E, Kocakerim M M, et al. An empirical model for kinetics of boron removal from boron-containing wastewaters by ion exchange in a batch reactor [J]. Desalination, 2004, 160 (2): 159-166.

[109] 王学松, 胡海琼, 孙成. 钠型丝光沸石吸附水溶液中铜离子平衡及动力学研究 [J]. 科技导报, 2006, 24 (11): 31-36.

[110] Chabani M, Amrane A, Bensmaili A. Kinetics of nitrates adsorption on Amberlite IRA 400 resin [J]. Desalination, 2007, 206 (1-3): 560-567.

[111] Lou J. Modelling of boron sorption equilibrium and kinetic studies of ion exchange with boron solution [D]. USA: Oklahoma State University, 1997.

[112] Ho Y S, McKay G. Pseudo-second order model for sorption processes [J]. Process Biochemistry, 1999, 34 (5): 451-465.

[113] 韩效钊, 胡波, 陆亚玲, 等. 钾长石与氯化钠离子交换动力学 [J]. 化工学报, 2006, 57 (9): 2201-2206.

[114] 靳朝辉. 离子交换动力学的研究 [D]. 天津: 天津大学, 2004.

[115] Lee I H, Kuan Y C, Chern J M. Equilibrium and kinetics of heavy metal ion exchange [J]. Journal of the Chinese Institute of Chemical Engineers, 2007, 38 (1): 71-84.

[116] Yurdakoc M, Seki Y, Karahan S, et al. Kinetic and thermodynamic studies of boron removal by Siral 5, Siral 40, and Siral 80 [J]. Journal of Colloid and Interface Science, 2005, 286 (2): 440-446.

[117] 杨莉丽, 康海彦, 李娜, 等. 离子交换吸附隔的动力学 [J]. 离子交换与吸附, 2004, 20 (2): 138-143.

[118] 文衍宣, 王励生, 金作美. 模拟磷矿脱镁废水中镁离子的交换动力学研究 [J]. 物理化学学报, 2003, 19 (10): 913-916.

[119] 陶祖贻, 赵爱民. 离子交换平衡及动力学 [M]. 北京: 原子能出版社, 1989.

[120] Lou J D, Foutch G L, Na J W. Kinetics of boron sorption and desorption in boron thermal regeneration system [J]. Separation Science and Technology, 2000, 35 (14): 2259-2277.

[121] 北川浩, 铃木谦一郎. 吸附的基础与设计 [M]. 鹿政理, 译. 北京: 化学工业出版社, 1983: 33.

[122] Lin S H, Kiang C D. Chromic acid recovery from waste acid solution by an ion exchange process: equilibrium and column ion exchange modeling [J]. Chemical Engineering Journal, 2003, 92 (1-3): 193-199.

[123] Bicak N, Bulutcu N, Senkal B F, et al. Modification of crosslinked glycidyl methacrylate-based polymers for boron-specific column extraction [J]. Reactive & Functional Polymers, 2001, 47 (3): 175-184.

[124] Kose T E, Ozturk N. Boron removal from aqueous solutions by ion-exchange resin: Column sorption-elution studies [J]. Journal of Hazardous Materials, 2008, 152 (2): 744-749.

[125] Badruk M, Kabay N, Demircioglu M, et al. Removal of boron from wastewater of geothermal power plant by selective ion-exchange resins-Ⅱ. Column sorption-elution studies [J]. Separation Science and Technology, 1999, 34 (15): 2981-2995.

[126] Kabay N, Yilmaz I, Yamac S, et al. Removal and recovery of boron from geothermal wastewater by selective ion-exchange resins-Ⅱ. Field tests [J]. Desalination, 2004, 167 (1-3): 427-438.